Für Omari, meinen kleinen Cavalier King Charles Spaniel. Er hat mir gezeigt, dass man nie aufgeben darf. Dass man gesundheitliche Probleme und Widrigkeiten mit Geduld meistern kann. Das Wichtigste ist, gemeinsam durch dick und dünn zu gehen, gemeinsam Spaß zu haben, geduldig zu sein, wo es notwendig ist, und auch im fortgeschrittenen Alter offen für Neues zu sein.
Du bist ein ganz besonderer und intelligenter Hund und unser kleiner Kasper.
Ich liebe dich!

Hinweis: Der Einfachheit und besseren Lesbarkeit halber wird in diesem Buch immer die männliche Form verwendet.

Bibliografische Information der Deutschen Nationalbibliothek
Die Deutsche Nationalbibliothek verzeichnet diese Publikation in der Deutschen Nationalbibliografie; detaillierte bibliografische Daten sind im Internet über http://dnb.dnb.de abrufbar.

ISBN 978-3-86263-222-0

mail@erling-verlag.com · www.erling-verlag.com
Lektorat: Beate Carle
Satz/Layout: Anna-Lena Wahl
Gedruckt in der Europäischen Union
Der Inhalt dieses Buches ist auf säurefreiem, alterungsbeständigem Papier gedruckt, hergestellt aus chlorfrei gebleichtem Zellstoff aus FSC-zertifiziertem Holz.

Simone Paulyn / Birgit Alsleben

Taube und schwerhörige Hunde

Kommunikation und Tricktraining über Körpersprache

mit Fotos von Sascha Marotzky

ERLING

Vorwort

Wir lernen gemeinsam mit unserem tauben oder schwerhörigen Hund eine neue Sprache, einen neuen Weg der Kommunikation. Auch wenn im Folgenden von tauben Hunden die Rede ist, sind stets sowohl taube als auch schwerhörige Hunde gemeint.

Besonders wichtig ist, dass wir als Herrchen und Frauchen klar in unserem Verhalten, in unserer Gestik und Mimik sind. Dies stellt besonders in der Anfangszeit eine große Herausforderung dar. Menschen kommunizieren primär über Sprache. Rein über Gestik und Mimik zu kommunizieren, stellt für uns einen ungewohnten und neuen Weg dar. Hunde hingegen kommunizieren primär über Körpersprache. Sie sind wahre Meister darin, Gestik, Mimik und Emotionen zu lesen und zu beurteilen. Unsere Handzeichen sind jedoch auch für unsere Hunde neu.

Selbst bei hörenden Hunden nutzen viele Halter zusätzlich zu den Sprachkommandos auch Handzeichen sowie ihre Körpersprache – manchmal bewusst, manchmal unbewusst. Die Gestik bei hörenden Hunden muss nicht so eindeutig sein wie bei tauben Hunden, da sich die hörenden Hunde zusätzlich am Wortkommando orientieren können. Wenn bei hörenden Hunde Handzeichen genutzt werden, so sind es in der Regel nur einige, und solche, die beide Seiten schnell lernen und auseinanderhalten können.

Taube Hunde können nicht mit uns kommunizieren, wenn die Distanz zu groß ist, die Gestik schwer zu erkennen ist oder wenn sie uns überhaupt nicht sehen.

Trifft man auf Spaziergängen auf andere Menschen mit einem Hund, so erleichtert unsere Wortwahl den Umgang und das Verständnis. Auf die Information »mein Hund hört nichts« haben wir sehr häufig die Antwort erhalten: »Meiner auch nicht.« Meine Aussage sollte erklären, dass mein Hund taub ist, die meines Gegenübers, dass der Hund nicht gehorcht.

Um diesem Missverständnis aus dem Wege zu gehen, erklärt die Information »mein Hund ist taub« in einem Satz alles zunächst Wichtige.

Ich habe für Omari und mich herausgefunden, dass Taubheit beim Hund auch Vorteile haben kann:

Silvester kann mein Hund verschlafen, weil er die laute Knallerei nicht hört.

Bellen andere Hunde, reagiert mein Hund nur darauf, wenn er gleichzeitig eine aggressive Körperhaltung wahrnimmt. Er bemerkt die kleinste Anspannung anderer Hunde. Auch ich bin mittlerweile sehr gut darin.

Klingelt es an der Tür, so schlägt Omari nicht an.

Mein Hund kann zu Veranstaltungen mitgenommen werden, die ein lärmempfindlicher Hund nicht mögen würde.

Ich kann meinem Hund über Handzeichen Anweisungen geben, wenn es um uns herum sehr laut ist. Wäre er nicht taub, müsste ich schreien.

Wir können lautlos und für andere Menschen nahezu unbemerkt kommunizieren.

Omaris Schlaf wird durch Geräusche nicht gestört.

Sich öffnende Kühlschranktüren und knisternde Tüten locken ihn nicht an.

Eine Untersuchung und Abklärung der Ursachen für Schwerhörigkeit und Taubheit des Hundes bei einem Tierarzt als erste Maßnahme sollte selbstverständlich sein. Die medizinischen Hintergründe von Schwerhörigkeit und Taubheit erläutert die versierte Tierärztin und Hundekennerin Dr. Birgit Alsleben in diesem Buch und sorgt so für das nötige Grundverständnis. Danach starten wir direkt in die Praxis.

Viel Freunde und Erfolg beim Lesen und Erlernen von Kommunikation und Tricks!

Simone Paulyn

»So how do I want my dog to feel about what we're doing? The answer is pretty much always great! I want my dog to love what we're doing together. I want it to be fun and interesting and enjoyable. I don't want it to be confusing or scary or unpleasant.«

»Wie also möchte ich, dass sich mein Hund bei dem fühlt, was wir tun? Die Antwort ist so gut wie immer: **großartig**. Ich möchte, dass mein Hund liebt, was wir gemeinsam tun. Ich möchte, dass es Spaß macht, interessant ist und Freude bereitet. Ich möchte **nicht**, dass es verwirrend, beängstigend oder unangenehm ist.«

Deborah A. Jones, PhD, Stow, Ohio, USA

Inhalt

1 Anatomische und medizinische Hintergründe

Das Ohr

Funktion des Ohrs

Um die verschiedenen möglichen Ursachen für Taubheit beim Hund zu verstehen, ist es zunächst wichtig, den Aufbau und die Funktion des Ohres in seinen verschiedenen Bereichen sowie deren Einteilung in Außenohr, Mittelohr und Innenohr zu kennen. Für das Verständnis ebenso notwendig sind die Grundlagen der Reizweiterleitung des Schalls an das Gehirn. Das Gehör ist ein »Ohr-Gehirn-System«, das darauf basiert, dass Schall auditiv wahrgenommen werden kann.

Was ist eigentlich Schall?

Bei der Erzeugung von Schall werden Luftmoleküle in Schwingungen versetzt. Diese Schwingungen breiten sich dann in Form von Schallwellen aus, deren Frequenz, diese ist gleichzusetzen mit der Tonhöhe, in Hertz bzw. Kilohertz (Hz, kHz) gemessen wird. Mit der Frequenz steigt also die Anzahl der Schwingungen pro Sekunde. Je kleiner die Frequenz, desto tiefer der Schall.
Die verschiedenen Schallarten werden dabei unterteilt in die periodischen Wellenformen Klang und Ton sowie die nichtperiodischen Wellenformen Geräusch und Knall.

Der für den Menschen hörbare Schall liegt im Bereich von 16 Hz bis ca. 20 000 Hz (20 kHz). Die menschliche Sprache hat Frequenzen zwischen 500 und 6000 Hertz, auf diese reagiert das menschliche Gehör am empfindlichsten.

Frequenzen unterhalb des für den Menschen hörbaren Schalls, gleichbedeutend mit tieferen Tönen, werden Infraschall genannt, die darüber liegenden als Ultraschall bezeichnet.

Hunde können im Gegensatz zum Menschen Töne hören, die deutlich über 20 kHz liegen. Ihr Frequenzbereich liegt zwischen 40 Hz bis 65 000 Hz (65 kHz). Sie nehmen also Schallwellen wahr, die das menschliche Ohr nicht mehr erfassen kann. Das Gehör von Hunden ist somit um ein Vielfaches empfindlicher ausgestattet als das des Menschen und kann viel höhere Frequenzen wahrnehmen. Das sind z. B. Ultraschallgeräte oder auch hochfrequente Geräusche von Nagetieren, als potentielle Beutetiere.

Es mag oft wie ein siebter Sinn eines Hundes erscheinen, wenn dieser schon deutlich früher als sein menschlicher Mitbewohner die baldige Ankunft eines

Familienmitgliedes bemerkt und zwecks Begrüßung zur Tür rennt. Dabei ist es stattdessen vielleicht ein hochtönendes Quietschen des Familienautos an der noch etwas entfernten Straßenecke, das ein Hund sehr gut hören, das menschliche Ohr jedoch nicht wahrnehmen kann.

Um überhaupt etwas hören zu können, ist jedoch nicht nur die Höhe des Schalls, sondern auch die Lautstärke relevant, der sogenannte Schalldruckpegel. Dieser Schalldruck wird in Dezibel (dB) angegeben. Dabei bezeichnen 0 dB die Hörschwelle des Menschen. Dies ist jedoch nicht gleichbedeutend mit absoluter Stille, sondern als der Schalldruck definiert, bei dem das menschliche Gehör Töne oder Geräusche gerade noch wahrnimmt und ist zudem abhängig von der Frequenz.

Die Dezibelskala beruht zudem nicht auf gleichmäßigen Einheiten wie Meter oder Kilogramm, sondern ist logarithmisch aufgebaut. Sie steigt von Wert zu Wert immer stärker an. Eine Verdoppelung der Lautstärke bedeutet eine Änderung von 10 dB. Eine sehr große Lautstärke, wie etwa durch ein Düsenflugzeug in kurzer Entfernung, liegt bei etwa 140 dB und ist somit ca. eine Million mal größer als 0 dB. Bereits ab 85 dB können Hörschäden entstehen, die Schmerzschwelle beginnt individuell bei ca. 100 dB, ab 130 dB droht Taubheit.

Ein Gewehrschuss in Mündungsnähe kann sogar noch lauter sein, was für die Jagd von Bedeutung ist. Ein Schuss kann bei Hunden und Menschen zu einem sogenannten Knalltrauma mit einer Schädigung des Innenohrs führen und das Hörvermögen von hohen Tönen dauerhaft herabsetzen.

Auch mit zunehmendem Lebensalter nimmt das Hörvermögen von Mensch und Hund insbesondere bei den hohen Tönen irreversibel ab. Weitaus häufigere Faktoren als Knalltraumata sind jedoch laute Musik oder Lärm, die das Gehör ebenfalls strapazieren und gravierende Hörschäden verursachen können. Man sollte sich oder seinen Hund also keinesfalls über einen längeren Zeitraum Geräuschen von über 85 dB aussetzen.

Hunde können aber im Vergleich zum Menschen nicht nur viel höhere Frequenzen hören, sie haben auch mehr Muskeln an den Ohren, die sie in die Lage versetzen, ihr bewegliches äußeres Ohr in die Richtung einer Geräuschquelle zu drehen und zu neigen. Außerdem besitzen sie eine größere Ohrmuschel, die ähnlich einer Satellitenschüssel die Schallwellen einfängt. Je größer das äußere (Steh-)Ohr ist, desto mehr Schallwellen werden dadurch gesammelt. Auch die Position der Ohren spielt dabei eine Rolle. Schallwellen aus weiterer Entfernung werden von hoch angesetzten Ohren etwas besser aufgefangen, während niedriger angesetzte Ohren mehr von der unmittelbaren Umgebung aufnehmen können.

Hunde haben das bessere Hörvermögen
Hunde hören nicht nur viel höhere Frequenzen, sondern können diese auch besser wahrnehmen und der Position der Geräuschquelle zuordnen als der Mensch.

Aufbau des Ohrs

Anatomisch untergliedert sich das Ohr in das Außenohr, das Mittelohr und das Innenohr. Das **Außenohr** (lat. Auris externa) besteht aus der **Ohrmuschel** (Pinna) und dem **Gehörgang** (Meatus acusticus), der am **Trommelfell** (Membrana tympani) endet. Der Gehörgang verläuft beim Hund zunächst annähernd senkrecht nach unten und knickt dann im Verlauf waagerecht zur Kopfmitte hin als horizontaler Gehörgang ab. Das Trommelfell stellt die Grenze zum **Mittelohr** (Auris media) dar. Das Mittelohr bildet eine luftgefüllte Höhle, die **Paukenhöhle** (Cavum tympani). Sie ist mit einer Schleimhaut ausgekleidet, die fest mit der umgebenden Knochenhaut verbunden ist. Über die sogenannte **Ohrtrompete** – oder **Eustachi-Röhre** (Tuba auditiva Eustachii) –, die wichtig für den Druckausgleich ist, ist sie mit dem Rachenraum verbunden.

In der Paukenhöhle befinden sich drei winzig kleine **Gehörknöchelchen**, **Hammer** (Malleus), **Amboss** (Incus) und **Steigbügel** (Stapes), die das Außenohr über das Trommelfell mit dem **Innenohr** verbinden. Diese drei Knöchelchen sind durch zarte Bänder und Muskeln frei schwingend aufgehängt und beweglich miteinander verbunden. Dabei ist der Hammer an einer Seite mit dem Trommelfell verwachsen, nimmt dort die durch den auftreffenden Schall verursachten Schwingungen auf und überträgt diese dann mechanisch zum Amboss. Von hier werden sie dann weiter zum Steigbügel geleitet. Der Steigbügel wiederum hat eine sogenannte Fußplatte, die auf dem **ovalen Fenster** der zum Innenohr gehörenden **Hörschnecke** (Cochlea) zu liegen kommt. Auf dieses Fenster werden die Schallwellen somit mechanisch übertragen. Das **Innenohr** liegt anatomisch in einem Hohlraum im **Felsenbein** (Os petrosum) in einem knöchernen Labyrinth. Der Knochen des Felsenbeins ist so dicht und fest, dass er nach dem Zahnschmelz die härteste Substanz im Körper darstellt, daher

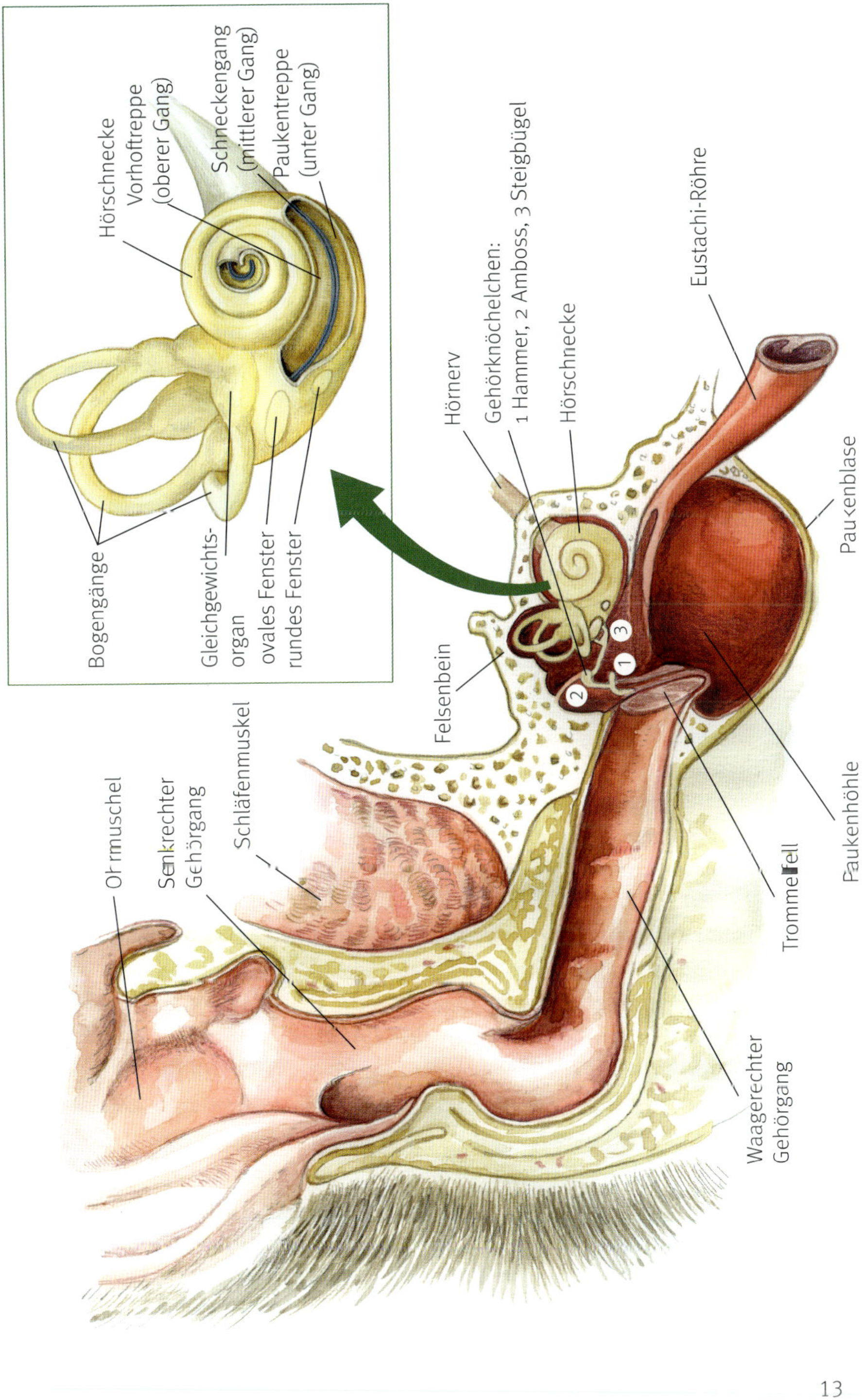
Bogengänge
Gleichgewichts-
organ
ovales Fenster
rundes Fenster
Hörschnecke
Vorhoftreppe
(oberer Gang)
Schneckengang
(mittlerer Gang)
Paukentreppe
(unter Gang)
Ohrmuschel
Senkrechter
Gehörgang
Schläfenmuskel
Felsenbein
Hörnerv
Gehörknöchelchen:
1 Hammer, 2 Amboss, 3 Steigbügel
Hörschnecke
Eustachi-Röhre
Paukenblase
Paukenhöhle
Trommelfell
Waagerechter
Gehörgang
1
2
3

auch sein Name. Zum Innenohr (Auris interna) gehört neben der Hörschnecke auch noch das damit verbundene **Gleichgewichtsorgan**, das Vestibularorgan (Organon vestibulare), das alternativ auch Vestibularapparat genannt wird, mit seinen drei **Bogengängen**.

Die **Hörschnecke** ist ein gewundener Hohlraum und besteht im Inneren aus drei übereinanderliegenden flüssigkeitsgefüllten Gängen. Der obere Gang, **Vorhoftreppe** genannt (Scala vestibuli), der den Schallimpuls über das ovale Fenster vom Steigbügel erhält, sowie der untere Gang, die **Paukentreppe** (Scala tympani) stehen über ein winziges Loch an der Schneckenspitze miteinander in Verbindung. Der dazwischen liegende mittlere Gang, der **Schneckengang** (Ductus cochlearis) ist dagegen nicht mit den beiden anderen Gängen verbunden. In ihm liegen die Hörsinneszellen, die Haarzellen genannt werden, von denen es äußere und innere gibt.

Der an die Hörschnecke weitergeleitete Schall erzeugt in ihr eine sogenannte Wanderwelle. Diese dringt bei tiefen Frequenzen graduell immer weiter in den Schneckenkanal ein, bis hin zur Spitze.

Die Wanderwelle wird dabei in der Schnecke über eine dazwischenliegende Verbindungsmembran vom oberen an den mittleren Gang weitergegeben. Die darin liegenden äußeren Haarzellen sind jeweils spezifisch resonant für eine ganz bestimmte Frequenz. Das bedeutet, dass sie jeweils nur für eine Tonhöhe empfindlich sind und daher nicht auf davon abweichende Frequenzen, also höhere oder tiefere Tönen, ansprechen.

Die äußeren Haarzellen nehmen den weitergeleiteten Schalldruck aus dem oberen Schneckengang über eine im mittleren Gang schwingende Membran auf, verstärken ihn motorisch und leiten ihn dann an die ebenfalls auf die entsprechende Frequenz spezialisierten, benachbart liegenden inneren Haarzellen weiter. Diese wandeln schließlich die mechanischen Schwingungen in elektrische Nervenimpulse um, die dann über die zum **Hörnerv** gebündelten Hörnervenfasern an das Gehirn weitergeleitet werden.

Für das Hören ganz hoher Frequenzen sind also die Haarzellen am Anfang der Schnecke spezifisch resonant und graduell fortschreitend für die ganz tiefen Frequenzen schließlich die Haarzellen in der Schneckenspitze.

Über die Flüssigkeit im unteren Gehörgang und sein **rundes Fenster**, eine dünne Membran, wird der Druck der Wanderwelle, den der untere Gehörgang in der Schneckenspitze über das winzige Verbindungsfenster vom oberen Gang übernimmt, schließlich zum Mittelohr hin ausgeglichen.

Vorgang des Hörens

Das Hören ist ein äußerst komplexer Prozess. Es umfasst die Wahrnehmung und Umwandlung von akustischen Signalen in mechanische und schließlich elektrische Nervenimpulse im Ohr sowie deren Weiterleitung an das Gehirn. Dort werden die Reize schließlich in der entsprechend zuständigen Gehirnregion verarbeitet.

Man kann sich leicht vorstellen, dass bei diesem komplexen Vorgang eine Vielzahl von möglichen Abweichungen und Einschränkungen entstehen können, die das Hörvermögen beeinträchtigen.

Schwerhörigkeit und Taubheit

Welche Arten von Schwerhörigkeit und Taubheit gibt es?

Aufgrund der verschiedenen Ursachen und Lokalisationen unterscheidet man zwischen leitungsbedingter und sensorineuraler Schwerhörigkeit oder Taubheit. Die leitungsbedingte Höreinschränkung wird durch Probleme im äußeren oder mittleren Ohr verursacht. Dabei ist die Schallweiterleitung an das Innenohr gestört. Eine leitungsbedingte Schwerhörigkeit oder Taubheit beim Hund kann daher neben schweren Ohrentzündungen (Otitiden) des äußeren und mittleren Ohres durch alles verursacht werden, was den Gehörgang blockiert und somit das Hören beeinträchtigt. Beispiele dafür sind Verstopfungen des Gehörgangs durch Ansammlungen von Ohrenschmalz, durch Fremdkörper oder Tumore, anatomische Missbildungen aber auch Verletzungen, die die Strukturen des Ohres schädigen oder Schleimhautwucherungen etwa infolge von jahrelangen chronischen Gehörgangsentzündungen.

Als sensorineural wird dagegen die Form des Hörverlusts bezeichnet, die durch Schäden an den inneren Ohren oder den Hörnerven verursacht wird. Bei der sensorineuralen Taubheit ist also die Umwandlung der Schallwellen in Nervenimpulse, die dann an das Gehirn weitergeleitet werden, gestört. Sie kann ebenfalls durch verschiedene Faktoren entstehen, darunter genetische Veranlagung, Alterungsprozesse, Lärmbelastung und Knalltrauma, Infektionen, Tumoren, bestimmte Medikamente oder Verletzungen, die das Innenohr betreffen.

Was genau ist unter Schwerhörigkeit und Taubheit zu verstehen?

Abweichungen von der Normalhörigkeit werden beim Menschen in Abhängigkeit von ihrem Schweregrad in verschiedene Stadien eingeteilt. Für den Hund kann man diese nicht so genau bestimmen, da er keine Auskunft über seine Hörschwelle geben kann. Ein Vergleich mit dem beobachteten Verhalten auf Höreindrücke beim Hund mit der Einteilung der Schweregrade beim Menschen bietet aber einen guten Hinweis darauf, wie es um das Hörvermögen des Hundes steht.

In den vorangegangenen Abschnitten wurden bereits die Begriffe Frequenz (Hz) für die Tonhöhe und Dezibel (dB) für den Schalldruckpegel vorgestellt. Diese beiden Einheiten bestimmen zusammen die Hörschwelle, also die Wahrnehmungsgrenze eines Höreindrucks. Die Hörschwelle ist abhängig von der Frequenz und wird für 2 000 Hz bei einem gesunden Hörvermögen mit einem Schalldruck von 0 dB definiert.

Als Normalhörigkeit (Normakusis) wird dabei die Hörfähigkeit bis zu einer maximalen Abweichung von 20 dB von dieser Hörschwelle bezeichnet.

Eine Schwerhörigkeit (Hypoakusis) bezeichnet dementsprechend eine Abweichung von der definierten Normalhörigkeit und wird jeweils in Schritten von 20 dB in geringgradige, mittelgradige, hochgradige sowie an Gehörlosigkeit grenzende Schwerhörigkeit eingeteilt.

Eine geringgradige Schwerhörigkeit bedeutet nach dieser Einteilung eine Abweichung der Hörfähigkeit oberhalb von 20 bis 40 dB, das bedeutet, dass die Person das Ticken einer Uhr oder Blätterrauschen nicht mehr wahrnehmen kann.

Eine mittelgradige Schwerhörigkeit bedeutet einen Hörverlust von 40 bis 60 dB, was dem Grundgeräusch in Wohngebieten entspricht.

Eine hochgradige Schwerhörigkeit liegt bei einem Hörverlust von 60 bis 80 dB vor, das heißt eine normale Sprechlautstärke kann nicht mehr wahrgenommen werden. Spätestens ab diesem Punkt wird eine Schwerhörigkeit beim Hund dann vermutlich auch durch die Besitzer erkannt.

Eine an Gehörlosigkeit grenzende Schwerhörigkeit beginnt entsprechend dieser Staffelung ab 80 dB, das heißt weder laute Musik noch die Geräusche einer Autobahn werden gehört.

Ein kompletter Hörverlust wird schließlich als Taubheit (Anakusis) oder Gehörlosigkeit bezeichnet.

Taubheit und Schwerhörigkeit
Die Taubheit oder Gehörlosigkeit (Anakusis) ist ein totaler beidseitiger Hörverlust. Davon abzugrenzen ist der teilweise Gehörverlust, der als Schwerhörigkeit (Hypoakusis) bezeichnet wird. Schwerhörigkeit wird nach Schweregrad in verschiedene Stadien eingeteilt. Sie kann je nach Verlauf schleichend oder auch plötzlich in Taubheit übergehen. Hörverluste können ein- oder beidseitig auftreten.

Schwerhörigkeit erkennen

Wie erkenne ich eigentlich eine Schwerhörigkeit oder sogar Taubeit bei meinem Hund?

Möglicherweise reagiert der Hund auf die Hundepfeife oder andere hohe Töne plötzlich nicht mehr wie gewohnt und scheint bekannte Kommandos zu ignorieren oder er reagiert erst, wenn er besonders laut aus nächster Nähe gerufen wird. Dieser vermeintliche »Starrsinn« wird spätestens dann als Schwerhörigkeit entlarvt, wenn Geräusche, die bisher immer eine sofortige Reaktion hervorriefen, wie das Klackern vom Trockenfutter im Napf, das Auskratzen der Futterdose, die knisternde Leckerlitüte, das geliebte Quietschspielzeug oder auch Hundegebell nun ignoriert werden. Ein betroffener Hund kann plötzlich sehr schreckhaft reagieren, wenn man sich ihm von hinten nähert, und vermeintlich viel tiefer und fester schlafen als vorher. Manche Hunde haben Angst nicht mehr mitzubekommen, dass ihre Besitzer weggehen. Sie folgen ihnen auf Schritt und Tritt in jedes Zimmer oder legen sich mitten in den Weg, um zu bemerken, ob diese das Zimmer oder Haus verlassen. In unbekannter Umgebung kann es ebenfalls zu größerer Unsicherheit kommen. Manche Hunde bellen vermehrt, scheinbar ohne Grund. Plötzlich ausbleibende Angst bei Gewitter oder an Silvester kann ebenfalls ein sehr deutlicher Hinweis sein.

Bei Welpen kann es vorkommen, dass sie aggressiver spielen als ihre Wurfgeschwister, da sie deren Stoppsignale wie Aufjaulen oder Knurren nicht bemerken und auch ansonsten nicht auf akustische Signale reagieren. Einseitig taube Hunde sind oft orientierungslos und verwirrt, wenn sie ohne Sichtkontakt gerufen werden, da sie die akustische Schwelle nicht genau zuordnen können. Taube Hunde können zudem häufig nicht schwimmen oder haben Schwierigkeiten das Gleichgewicht zu halten, wenn der im Innenohr liegende Gleichgewichtssinn ebenfalls beeinträchtigt ist.

Viele schwerhörige Hunde sind aufgrund des hohen Schalldrucks noch relativ gut in der Lage Klatsch- oder Knalllaute wahrzunehmen. So ist es oftmals noch möglich, sich ihnen gegenüber durch lautes Händeklatschen, auch über eine gewisse Entfernung hinweg, bemerkbar zu machen. Spätestens dann sind jedoch zwingend Handzeichen als Teil der (ganzkörperlichen) Körpersprache notwendig, um dem aufmerksam gemachten Hund begreiflich zu machen, was man von ihm möchte. Je eher der Hund diese erlernt hat, umso einfacher ist es dann, mit ihm zu kommunizieren.

Ursachen tierärztlich abklären

Wer eine (insbesondere plötzliche) Verschlechterung des Hörvermögens oder sogar eine Taubheit bei seinem Hund bemerkt, sollte, unabhängig von dessen Alter, zeitnah eine tierärztliche Untersuchung des Gehörs vornehmen lassen, um abzuklären, ob gut behandelbare Ursachen, wie Fremdkörper, Ablagerungen, Parasiten, Verletzungen oder Entzündungen vorliegen. Diese können bei fachgerechter Behandlung in der Regel wieder ausheilen. Die Verschlechterung des Hörvermögens ist dann möglicherweise nur vorübergehend und reversibel. Bei einer Alterstaubheit können durchblutungsfördernde Medikamente mitunter unterstützend wirken.

Wann fangen Hunde an zu hören?

Hundewelpen werden als Nesthocker, im Gegensatz zu Nestflüchtern, mit noch nicht voll entwickelten Sinnesorganen geboren. So sind ihre Ohren und Augen bei der Geburt verschlossen und öffnen sich etwa zwischen dem 10. und 14. Lebenstag. Das kann rasseabhängig und individuell leicht nach oben variieren. Das Gehör und der Sehsinn sind zu diesem Zeitpunkt jedoch noch nicht voll entwickelt. Ab der dritten Lebenswoche und in der darauffolgenden Zeit lernen Hundewelpen zunehmend neue Sinneseindrücke kennen und beginnen ihre Umgebung akustisch und optisch wahrzunehmen. Sie erlernen so die Laute der Mutter und die sozialen Signale der Wurfgeschwister zu erkennen. Bis zur achten Woche sind die meisten Welpen schließlich in der Lage, Geräusche gut zu hören und darauf zu reagieren. ihr Gehör sollte nun vollständig entwickelt sein. In ihren ersten zwei Lebenswochen sind sie ausschließlich auf ihre anderen Sinne wie Tasten, Schmecken, Fühlen und vor allem den Geruchssinn angewiesen.

Vererbung

Es sind mittlerweile außerordentlich viele Hunderassen mit einer Rasseprädisposition, also einer erblich bedingten Veranlagung oder Anfälligkeit, für eine genetisch bedingte Taubheit bekannt. Diese kann, je nach Ursache, von Geburt an oder mitunter auch erst im Laufe des Lebens auffällig werden und ein- oder beidseitig auftreten.

An dieser Stelle kann und soll keine vollständige Auflistung der betroffenen Hunderassen erfolgen, aufgrund der Vielzahl und da sich deren Anzahl aufgrund der Möglichkeiten der Gendiagnostik und Forschung in diesem Bereich vermutlich auch noch beständig erweitern wird.

Als besonders häufig betroffene Rassen seien beispielhaft Australian Shepherd, Australian Cattle Dog, Bullterrier, Bobtail, Dalmatiner und Rhodesian Ridgeback genannt.

So wurden alleine für den Dalmatiner bereits mehrere Genvarianten für Innenohrtaubheit gefunden, die die Entwicklung der oben beschriebenen Strukturen des Innenohrs jeweils unterschiedlich beeinflussen. Und auch für den Rhodesian Ridgeback ist ein Gendefekt bekannt, der bei Reinerbigkeit zur Ertaubung der zunächst hörenden Hunde innerhalb des ersten Lebensjahres führt.

Eine besondere genetische Prädisposition für Innenohrtaubheit weisen, neben dem Dalmatiner, in auffälliger Weise auch noch andere weiße oder gefleckte Hunderassen auf, sowie Hunde, die ein Scheckungsgen oder den sogenannten Merle-Faktor in sich tragen.

Scheckungsgene beeinflussen die Verteilung von weißen und farbigen Fell- oder Hautpartien, sind also genetische Faktoren, die für das Scheckungsmuster bei Tieren verantwortlich sind.

Die Scheckung kann dabei in verschiedenen Formen auftreten, wie z. B. als große weiße Flecken auf einem farbigen Grund oder als unregelmäßige Muster.

Die Ursache dafür, dass weiße oder gefleckte Hunde eine größere Veranlagung für Taubheit aufweisen, liegt daran, dass bei ihnen die Pigmentzellen, die sogenannten Melanozyten, die für die Fellfärbung verantwortlich sind, nicht nur äußerlich sichtbar in der Haut, sondern auch im Innenohr fehlen können. Diese Pigmentzellen müssen jedoch für die Entwicklung eines funktionsfähigen Gehörs zwingend in das Innenohr einwandern, denn sie haben dort als Bestandteil der sogenannten neuroepithelialen Strukturen wichtige Aufgaben für das Zustandekommen des akustischen Hörsignals. Wenn es also zu einer Störung in der Bildung, Einwanderung oder Funktion dieser Zellen kommt, kann dies zu Hörverlust oder Taubheit führen.

Ganz oder teilweise weiße Hunde sowie Hunde mit dem Merle-Faktor sind deshalb also besonders häufig von dieser möglichen Ursache für Schwerhörigkeit und Taubheit betroffen.

Merle-Faktor

Der Merle-Faktor ist weit mehr als nur eine hübsche Fellfarbe. Es handelt sich um eine Mutation, also eine Veränderung eines Gens auf einem bestimmten Chromosom, die bei einigen Hunderassen vorkommt und zu einer auffälligen Färbung des Fells führt, meistens in Form einer hellen Scheckung oder Marmorierung, Besonders häufig sieht man sie bei Hunden der Rassen Australian Shepherd, Border Collie, Collie, Dackel, Dogge und Sheltie.

Diese Mutation am sogenannten Silver-Locus-Gen beeinflusst die Verteilung von Pigmentzellen in der Haut und im Fell und bestimmt darüber, welche Farbe einzelne Fellbereiche des betroffenen Hundes bekommen. Haare, die von diesem mutierten Gen in seiner typischen Merle-Ausprägung beeinflusst werden, erscheinen dann deutlich aufgehellt und die farbigen Fellanteile wirken marmoriert.

Die ursprüngliche Merle-Mutation entstand wahrscheinlich als eine Zufallsmutation bei einem Hund durch den Einschub von viralem Genmaterial in sein Silver-Locus-Gen in Form eines sogenannten »Poly(A)-Schwanzes« aus ganz vielen gleichen Basenpaaren. Diese wurde dann über sehr, sehr viele Generationen weitervererbt und auch in andere Rassen eingekreuzt. Von diesem mutierten Gen sind in den letzten Jahren durch DNA-Analysen sieben unterschiedlich lange Varianten identifiziert worden, die sich in der Anzahl ihrer Basenpaare unterscheiden. Je mehr Basenpaare die Variante aufweist, desto ausgeprägter sind die Auswirkungen auf die Fellfarbe der Träger dieses Gens, aber umso stärker können auch die Auswirkungen auf ihre Gesundheit sein.

Der Merle-Faktor geht oft nicht nur mit Fellveränderungen, sondern auch mit gesundheitlichen Problemen, insbesondere im Bereich der Augen und des Gehörs, einher. Warum ist das so? Für die Fell- und Augenfärbung beim Hund sind zwei unterschiedliche Melanozytenfarbstoffe relevant. Die Bereiche im Fell, die durch den Melanozytenfarbstoff mit dem Namen Eumelanin normalerweise eigentlich schwarz oder braun gefärbt würden, werden beim Merle-Faktor durch einen unvollständigen okulokutanen Albinismus aufgehellt. Okulokutan bedeutet, dass sowohl die Augen als auch die Haut betroffen sind. Dagegen sind die Fellbereiche, die durch den für eine Blond- oder Rotfärbung verantwortlichen Melanozytenfarbstoff Phäomelanin gefärbt werden, nicht von der Aufhellung betroffen. Diese Fellbereiche behalten also ihre ursprüngliche Färbung.

Schäden am Gehör, die mit dem Merle-Faktor zusammenhängen, können unter anderem durch die negative Beeinflussung der Entwicklung der Melano-

Australian Shepherd mit typischem Merle-Faktor (m/M)

zyten, die das dunkle Eumelanin enthalten, entstehen. Es ist aber für die Entwicklung eines funktionsfähigen Gehörs zwingend erforderlich, dass ausreichend normal pigmentierte Eumelanin-Melanozyten in das Innenohr einwandern. Sonst kann es je nach Ausprägung zu einer sensorineuralen Schwerhörigkeit oder Taubheit kommen.

Der Gendefekt verhindert je nach Ausprägung eine normale Entwicklung dieser neuroepithelialen Strukturen. Schätzungen zufolge haben bis zu 10–20 % der Hunde mit Merle-Faktor Höreinschränkungen, rund 3 % der mischerbigen Hunde sind einseitig und 1 % beidseitig taub. Das Risiko für eine Beeinträchtigung des Gehörs steigt dabei auch bei Hunden mit der Merle-Mutation mit zunehmendem Weißanteil der Fellfarbe.

Das von der Merle-Mutation betroffene Gen wird nicht dominant oder rezessiv (verdeckt) vererbt, sondern intermediär. Das bedeutet, dass die Nachkommen im Wurf aus einer Verpaarung von einem gesunden mit einem betroffenen Hund, Merkmale von jeweils beiden vererbten Genen aufweisen. Für die sichtbare Ausprägung des Gens, hier in Form der Fell- und Augenfärbung, sind anders als bei dominant vererbten Genen, also beide Elternteile »gleichberechtigt« relevant.

Einfache Träger dieser Mutation besitzen also ein normales gesundes und ein mutiertes Gen, sie sind mischerbig (heterozygot) und zeigen je nach Ursprungsfellfarbe und Variante des Gens die vom Züchter gewünschte Merle-Fellfärbung.

Dabei weisen bei einer Paarung von einem gesunden Tier mit einem Tier mit einfachem Merle-Faktor statistisch betrachtet wieder 50 % den einfachen Merle-Faktor auf, die anderen 50 % im Wurf sind keine Träger des Merkmals. Sie haben vom Elternteil mit dem einfachen Merle-Faktor also das gesunde und nicht das mutierte Silver Locus Gen vererbt bekommen. Die Hälfte der Welpen eines solchen Wurfs ist also dementsprechend auch ganz normal gefärbt, so wie es für die entsprechende Rasse typisch ist.

Wenn jedoch zwei mischerbige Hunde, die beide den Merle-Faktor aufweisen, miteinander verpaart werden, erhält man statistisch gesehen zwar wieder 50 % Nachkommen mit dem einfachen Merle-Faktor, aber nur noch 25 % gesunde Hunde, die keine Träger des Faktors sind, dafür aber auch 25 % sogenannte Doppelmerle-Hunde.

Bei diesen Doppelmerle-Hunden, die also reinerbig (homozygot) für den Merle-Faktor sind und das mutierte Gen von beiden Elternteilen vererbt bekommen haben, kann es zu noch deutlich schwerwiegenderen Schäden und gesundheitlichen Problemen kommen. Da sogar ein Absterben bereits im Mutterleib ist möglich ist, kommen bei einer solchen Verpaarung von zwei Hunden, die Träger des Merle-Faktors sind, deshalb oft weniger Welpen als die statistisch zu erwartenden 25 % des Wurfes mit Doppelmerle zur Welt. Doch auch die Sterblichkeit dieser Hunde nach der Geburt bleibt im Welpenalter erhöht.

Vererbung des Merle-Faktors

Jedes Elterntier hat zwei Gene, von denen jeweils eins an seine Nachkommen vererbt wird. Die Tabelle zeigt die jeweils statistisch gesehen prozentual auftretenden Nachkommen bei den möglichen elterlichen Kombinationen für Verpaarungen untereinander.

Rüde/Hündin	m/m (gesund)	m/M (Merle-Faktor)	M/M (Doppelmerle)
m/m (gesund)	100 % m/m	50 % m/m 50 % m/M	100 % m/M
m/M (Merle-Faktor)	50 % m/m 50 % m/M	25 % m/m 50 % m/M 25 % M/M	50 % m/M 50 % M/M
M/M (Doppelmerle)	100 % m/M	50 % m/M 50 % M/M	100 % M/M

m = normales Gen
M = verändertes Merle-Gen
m/m = gesunder Hund
m/M = Hund mit Merle-Faktor
M/M = Hund mit Doppelmerle

Außer den bereits beschriebenen Hörproblemen, die ja schon beim einfachen Träger dieses Gendefektes zur Schwerhörigkeit oder Taubheit führen können und die bei reinerbigen Hunden noch sehr viel häufiger auftreten, ist auch der Gleichgewichtssinn bei diesen Tieren oftmals eingeschränkt, denn das Gleichgewichtsorgan liegt ebenfalls im Innenohr und kann dadurch von Missbildungen mitbetroffen sein.

Auch Sehbeeinträchtigungen, durch eine fehlerhafte Augenentwicklung, treten vermehrt auf. So haben Hunde mit dem Merle-Faktor ein deutlich höheres Risiko für diverse Anomalien, wie z. B. zu kleine Augen (Mikroophthalmie), entrundete Pupillen (Dyskorie), Spaltbildungen im Auge (Kolobom) oder Veränderungen des Augenhintergrundes (Fundus). Hunde mit solchen Missbildungen an den Augen sind in der Regel schwer sehbehindert oder blind.

Taubblinder Doppelmerle (M/M) – Australian Shepherd (links) und Collie (rechts)

Das heißt, die Wahrscheinlichkeit, dass ein Doppelmerle-Hund schwerstbehindert, nämlich blind und taub, geboren wird, ist groß. Die Fellfarbe dieser Hunde ist meistens weiß.

Merle-Hunde können anfälliger für Hautprobleme sein, einschließlich Sonnenbrand und anderen dermatologischen Erkrankungen.

In einigen Fällen können Merle-Hunde noch vollkommen andere körperliche Anomalien aufweisen, die von der spezifischen Genetik abhängen. Diese können z. B. das Herz, die Geschlechtsorgane oder das Skelett betreffen.

Ein Problem bei den Verpaarungen von Hunden mit Merle-Faktor ist, dass es Hunde gibt, denen man tatsächlich nicht ansieht, dass sie Träger dieses Gendefekts sind. Das betrifft z. B. Hunde mit sehr heller oder weißer Fellfarbe, bei denen die typisch gemusterte Aufhellung durch den Merle-Faktor deshalb schlichtweg nicht erkennbar ist, blonde Hunde oder solche mit rötlichem Fell, die ihre Fellfärbung durch das Phäomelanin erhalten haben und nicht durch das nur von der Aufhellung betroffene schwarze oder braune Eumelanin. Aber auch Hunde mit normaler Fellfärbung können Träger sein, wenn sie eine kürzere

Variante des »Poly(A)-Schwanzes« mit weniger Basenpaaren vererbt bekommen haben. Das kürzere Allel wird daher auch als kryptisches (verborgenes) Merle bezeichnet, da man es dem Träger nicht ansehen kann.

Somit können auch vermeintlich normal gefärbte Hunde Träger des Gendefekts sein, ohne dass dies äußerlich erkennbar ist, und unwissentlich mit einem weiteren Merle-Hund verpaart werden. Um dies auszuschließen, sollte bei der Zucht mit Merle-Hunden zwingend auf verantwortungsvolle Praktiken geachtet und durch einem Gentest der möglichen Partnertiere vorab für Klarheit gesorgt werden. Auch sollte nicht auf bzw. mit einem hohen Weißanteil im Fell gezüchtet werden, da dieser ja das Risiko für eine Taubheit erhöht. Dass schwerhörige oder taube Hunde nicht zu Zucht ausgewählt werden sollten, liegt ebenfalls auf der Hand. Beim leisesten Zweifel sollte daher auch ein Hörtest gemacht werden.

Man muss sich jedoch leider der Tatsache bewusst sein, dass bei weitem nicht jeder (Hobby-) Züchter verantwortungsvoll im Sinne der Hunde und ihrer Nachkommen handelt, das entsprechende Wissen hat oder willens ist, vorab in einen Gen- oder Hörtest zu investieren. Ein Ende der Zucht von Hunden mit dem Merle-Faktor ist auch deshalb nicht abzusehen, weil der Verkauf von Welpen mit dieser besonderen Fell- und Augenfärbung besonders große Gewinne verspricht und der Markt für diese Hunde groß ist.

Es ist daher immens wichtig, sich als Hundebesitzer und potentieller Käufer die Zusammenhänge, die mit dieser Fellfärbung einhergehen, klarzumachen und zumindest verantwortungsbewusste Zuchtpraktiken zu fördern und zu fordern, um die Risiken gesundheitlicher Probleme bei Hunden mit dem Merle-Faktor zu minimieren. Allerdings muss auch klar sein, dass man gesundheitliche Einschränkungen selbst dann niemals gänzlich ausschließen kann. Denn schließlich können auch einfache Träger des Merle-Faktors von gesundheitlichen Problemen wie z. B. Taubheit betroffen sein. Züchter müssten verpflichtend gentestbasiert und nachweisbar darauf achten, keine zwei Hunde mit Merle-Faktor miteinander zu verpaaren und auch versehentliche Paarungen sicher zu verhindern, um die Wahrscheinlichkeit von reinerbigen (homozygoten) Doppelmerle-Nachkommen zu vermeiden.

Bei korrekter Auslegung des Tierschutzgesetztes sind solche Paarungen zudem verboten, da man um die hohe Wahrscheinlichkeit von schweren Komplikationen bei den Nachkommen weiß und das Risiko für die Entstehung von Tierleid somit wissentlich eingeht, anstatt es zu vermeiden.

Merle-Faktor
Der Merle-Faktor ist ein mutiertes Gen, das nicht nur die Fell- und Augenfarbe auf eine besondere Weise verändert, indem es die dunklen farbigen Bereiche unregelmäßig aufhellt. Vielmehr kann es auch für Veränderungen am Gehör und Innenohr sowie an den Augen sorgen. Eine Zucht damit ist aus Tierschutzgründen daher als mindestens fragwürdig anzusehen. Der Merle-Faktor ist die häufigste sensorineurale Ursache von Taubheit beim Hund. Wegen der Beliebtheit dieser Fellfarbe nimmt man somit wissentlich einen nicht unwesentlichen Prozentsatz von behinderten Hunden in Kauf.

Taubheit diagnostizieren

Um eine Schwerhörigkeit oder Taubheit, die ja auch einseitig bestehen kann und somit im Alltag nicht eindeutig auffällt, beim Welpen oder auch beim erwachsenen Hund sicher zu diagnostizieren, kann von dafür qualifizierten Tierärzten eine Audiometrie durchgeführt werden. Die Ohren werden dabei nacheinander auf ihre Hörfähigkeit getestet. Dazu werden Stimulus-Klicks in jeweils ein Ohr gesendet und über in die Kopfhaut gesteckte Elektroden die dadurch provozierten sogenannten »akustisch evozierten Potentiale« (AEP) abgeleitet. Dies funktioniert ähnlich wie bei einem EKG. Die Reaktionen des Gehirns und der Hörschnecke auf den elektrischen Stimulus zeigen die elektrischen Aktivitäten an, mit denen das Gehör jeder Seite auf das definierte Geräusch reagiert. Anhand des Protokolls, dass diese Potentiale auswertet, kann man somit feststellen, ob eine ein- oder beidseitige Taubheit, Schwer- oder Normhörigkeit vorliegt. Das Verfahren ist schmerzlos und zuverlässig. Es kann bereits ab einem Alter von fünf Wochen durchgeführt werden. Für die Untersuchung werden die Hunde in der Regel sediert, um dabei ganz ruhig zu liegen, damit die Ergebnisse nicht durch Bewegungsartefakte verfälscht werden.

Ohrentzündungen

Entzündungen des äußeren und des mittleren Ohres sind die häufigsten Ursachen für Hörprobleme bei Hunden. Eine Entzündung des äußeren Ohrs (Otitis externa) trit weitaus am häufigsten auf und betrifft rund 10 bis 20 Prozent der Population. Sie ist dementsprechend einer der häufigsten Vorstellungsgründe überhaupt in der Tierarztpraxis. Bei einer Otitis externa ist in der Regel der Gehörgang entzündet, seltener die Ohrmuschel. Eine Otitis externa kann dabei durch verschiedene **Infektionserreger** wie Bakterien (z. B. Staphylokokken oder Pseudomonaden), Hefen (Malassezien) oder Parasiten, wie Ohrmilben (Otodectes cynotis) verursacht werden. Auch Fremdkörper, die in den Gehörgang eindringen, können eine akute Entzündung verursachen. Ohrprobleme durch Fremdkörper treten ganz besonders häufig im Sommer und Frühherbst auf, da die Hauptursachen vor allem Gräser bzw. ihre spitzen Grannen sind, die beim Spaziergang oder Toben in hohem Gras ihren Weg in den Gehörgang finden und sich dort sehr leicht verspreizen können. Dies führt normalerweise sofort zu starken Symptomen und großen Schmerzen und bleibt daher seltener unbemerkt.

Eine weit verbreitete Ursache für Ohrentzündungen sind **Nahrungsmittel-** oder **Umweltallergien**. Die Schleimhäute im Ohr von Allergikern reagieren beim Kontakt mit dem Allergen, das sich bei Nahrungsmittelallergien auch in der Blutbahn befinden kann, mit einer Entzündungsreaktion und vermehrter Talgproduktion. Die Schleimhäute schwellen an und werden durchlässiger, das gesunde Schleimhautmilieu verändert sich zum Negativen. Dadurch können sogenannte Folgeinfektionen vor allem durch Hefen, und bei fortgesetzter Entzündung auch durch Bakterien, vermehrt auftreten (siehe auch »Malassezieninfektion«).

Auch eine zwar gut gemeinte jedoch unzureichende und **falsche Ohrenpflege**, wie z. B. die Behandlung mit ungeeigneten Mitteln, der Einsatz von Wattestäbchen oder die Schädigung der Schleimhaut beim Rupfen von Haaren, kann Entzündungen verursachen und somit eine Eintrittspforte für Folgeinfektionen verursachen.

Eine Entzündung des äußeren Ohres muss immer fachgerecht behandelt werden, sonst kann sie zu dauerhaften Schäden führen.

Eine **Mittelohrentzündung** (Otitis media) kann beim Hund ebenfalls durch verschiedene Faktoren verursacht werden. So können Bakterien oder

Viren auch in das Mittelohr gelangen. Am häufigsten ist das bei einer vorausgehenden Otitis externa der Fall.

Im gesunden Zustand trennt das Trommelfell den Gehörgang anatomisch vom Mittelohr. Bei einer schweren oder langfristig anhaltenden Entzündung des Gehörgangs kann es aber zum Durchbrechen dieser Trommelfellbarriere kommen.

Wenn diese Barriere nicht mehr intakt ist, können die Infektionserreger vom äußeren Ohr in das Mittelohr eindringen und die Entzündung somit auf das Mittelohr übergreifen. Dies geschieht vor allem bei unzureichend therapierten oder gänzlich unbehandelten Gehörgangsentzündungen. Bei einer akuten Entzündung tritt diese Komplikation bei unter 20 Prozent, bei einer chronischen Otitis externa bei rund 80 Prozent der Fälle auf.

Das macht deutlich, dass jede Otitis externa zügig behandelt werden sollte, damit sie gar nicht erst zur chronischen Otitis wird. Auf diese Weise kann die Gefahr des Übergreifens auf das Mittelohr spürbar minimiert werden.

Das bereits für den Gehörgang beschriebene Eindringen von spitzen Fremdkörpern, die dabei auch das Trommelfell perforieren können, kann ebenfalls und auch sehr schnell dazu führen, dass Erreger in das Mittelohr eingebracht werden und dort eine schwere Infektion verursachen. Die dabei auftretende mechanische Irritation des Mittelohrs durch einen Fremdkörper führt zu einer Entzündung der dortigen Strukturen und starken Schmerzen.

Da über die Ohrtrompete (Tuba auditiva) eine Verbindung vom Mittelohr zum Rachenraum besteht, ist ein Eindringen von Erregern auch auf diesem Weg möglich.

Nahrungsmittel- oder Umweltallergien können auch im Mittelohr zu Entzündungsreaktionen der Schleimhäute führen.

Einige Hunderassen haben aufgrund anatomischer Anomalien eine genetische Veranlagung für Ohrprobleme. Auch das Immunsystem schwächende Krankheiten wie Diabetes oder hormonelle Störungen wie eine Schilddrüsenunterfunktion können das Risiko für eine Mittelohrentzündung erhöhen.

Im schlimmsten Fall kann eine Mittelohrentzündung, insbesondere wenn sie chronisch geworden ist oder nicht adäquat behandelt wird, auf das benachbarte Innenohr übergreifen und somit eine Otitis interna verursachen. In selteneren Fällen kann diese auch durch hämatogene Streuung von Erregern entstehen, also über den Blutweg aus einem anderen Infektionsherd.

Ohrenentzündung erkennen

Folgende Symptome können Hinweis für eine Ohrenentzündung sein:

- **Juckreiz und Kratzen:** Betroffene Hunde kratzen sich häufig mit den Pfoten am Ohr oder schütteln vermehrt den Kopf.
- **Rötung und Schwellung:** Die Ohrmuschel oder der Gehörgang kann gerötet sein und geschwollen erscheinen.
- **Unangenehmer Geruch:** Ein süßlicher, fauliger oder eitriger Geruch kann aus dem Ohr austreten.
- **Ausfluss:** Es kann ein dunkler, wässriger oder eitriger Ausfluss aus dem Gehörgang sichtbar sein.
- **Verschmutzung:** Der Gehörgang kann sichtbar schwarz-krümelig gefüllt, schmierig belegt oder durch Sekrete verschmiert sein.
- **Schmerzen:** Der Hund reagiert empfindlich auf Berührungen am Ohr, jault vielleicht auf oder zeigt Anzeichen von Schmerzen.
- **Veränderungen im Verhalten:** Der Hund kann lethargisch wirken oder weniger aktiv sein. Im Falle eines Fremdkörpers kann er von jetzt auf gleich beim Spaziergang plötzlich Schmerzen zeigen z. B. durch Aufjaulen, Kopfschütteln oder am Ohr kratzen.
- **Kopfschiefhaltung:** Der Hund kann seinen Kopf zu erkrankten Seite hin neigen, wenn eine Mittelohrentzündung besteht oder sogar das Innenohr bereits beteiligt ist. Dann können sogar Gleichgewichtsstörungen auftreten.

Bei Entzündungen des Innenohres kann zudem das sogenannte periphere Vestibularsyndrom auftreten, das unter anderem mit Gleichgewichts- und Gangstörungen bis hin zum Umfallen sowie Nystagmus, das sind unkontrollierte Augenbewegungen, einhergeht. Zudem kann es zu Gesichtsnervenlähmungen, Schielen, Erbrechen und Apathie kommen.

Wenn eines oder mehrere dieser Symptome bemerkt werden, ist es dringend erforderlich die Ohren tierärztlich untersuchen zu lassen.

Malassezienotitis

Während einige Hunde nie eine Ohrenentzündung haben, sind andere dagegen ständig betroffen. Insbesondere die Otitis mit Hefen (Malassezien) tritt häufig rezidivierend, also wiederkehrend, auf.

Die Malassezienotitis kann verschiedene Ursachen haben und im Infektionsverlauf durch eine bakterielle Sekundärinfektion häufig verschlimmert

werden. Der Gehörgang riecht bei einer Infektion meist süßlich und weist ohne bakterielle Überwucherung schmierige schwarze Beläge auf.
Zu den häufigsten Prädispositionen für eine Malassezienotitis gehören:

- **Hauterkrankungen:** Hunde mit atopischer Dermatitis (Hautentzündung durch Überempfindlichkeitsreaktion auf Allergene), Seborrhoe (Überproduktion von Hautfett) oder anderen Hauterkrankungen haben ein höheres Risiko, da bei ihnen die Hautbarriere geschädigt ist.
- **Nahrungsmittel- oder Umweltallergien:** Bei einem Kontakt mit dem Allergen setzen Mastzellen Histamin und andere Entzündungsmediatoren frei. Dies verursacht eine Erweiterung der Blutgefäße und erhöht deren Durchlässigkeit. Die erhöhte Durchlässigkeit führt zu Flüssigkeitsansammlungen im Gewebe, was Schwellungen und Rötungen der Ohrschleimhaut zur Folge hat. Die Entzündung kann auch die Nervenenden reizen, was zu Juckreiz und Schmerzen im Ohrbereich führt. Außerdem kann es zu einer vermehrten Schleimproduktion kommen.
  Aufgrund einer Allergie entsteht ein günstiges Milieu für die Ansiedlung von Malassezien. Wiederkehrende Ohrenentzündungen sind daher ein häufiges Symptom dafür.
- **Feuchtigkeit:** Hunde, die häufig nass sind oder in feuchten Umgebungen leben, sind anfälliger, da Malassezien ein feuchtes Milieu bevorzugen. Dies betrifft vor allem die Hunde, die gerne und viel schwimmen.
- **Hormonelle Störungen:** Erkrankungen wie z. B. das Cushing-Syndrom, bei dem die Nebenniere vermehrt Cortisol produziert oder eine Schilddrüsenunterfunktion (Hypothyreose) können das Risiko erhöhen, da sie die Haut- und Talgdrüsenfunktion beeinflussen.
- **Immunsystem:** Ein geschwächtes Immunsystem, sei es durch Krankheiten oder Medikamente, kann die Anfälligkeit für Infektionen mit Malassezien ebenfalls erhöhen.
- **Rasse:** Bestimmte Rassen, wie Cocker Spaniel, Basset Hounds und Bulldoggen sind genetisch anfälliger für Malassezieninfektionen.

Auch hierbei gilt, dass die frühzeitige Erkennung und Behandlung von der zugrunde liegenden Erkrankung und eine Vermeidung der Allergene sowie eines feuchten Milieus dabei hilft, das Risiko einer Malassezienotitis zu verringern und Spätfolgen, insbesondere durch Sekundärinfektionen am Ohr, zu verhindern.

Nicht nur auf die Verursacher achten, sondern auch auf die begünstigenden Rahmenbedingungen

Nach Möglichkeit sollte im Rahmen einer Behandlung immer versucht werden nicht nur die konkreten Verursacher einer Otitis externa, wie z.B. Allergien, Verhornungsstörungen des Gehörgangs, Schilddrüsenunterfunktion, Parasiten oder Tumore zu identifizieren, sondern auch die begünstigenden Faktoren zu bestimmen, wie die Besiedelung mit Bakterien und Malassezien, da es sich in der Regel um eine multifaktorielle Erkrankung handelt.

Ferner gilt es, die Infektion aufrechterhaltende, die sogenannten perpetuierenden Faktoren, wie eine übermäßige Behaarung im Gehörgang oder resistente Bakterienstämme zu erkennen. Zudem sind die prädisponierenden Faktoren festzustellen, also solche, die den Hund für eine Gehörgangsentzündung besonders anfällig machen.

Das können anatomische Veränderungen, wie Verengungen oder Verlegungen des Gehörganges sein (Stenosen und Obstruktionen), die vermehrt bei Qualzuchten, wie dem Mops oder Sharpei auftreten, eine übermäßige Ohrenschmalzbildung oder vermehrte Feuchtigkeit durch häufiges Schwimmen.

Bei wiederkehrenden Ohrentzündungen müssen zwingend Allergien und Futtermittelunverträglichkeiten ausgeschlossen werden, da diese für mehr als ein Drittel der akuten und knapp zwei Drittel der chronischen Entzündungen des äußeren Ohrs ursächlich sind. Oftmals ist die Otitis externa sogar das einzige Symptom.

Eine frühzeitige Diagnose und Behandlung von Ohrenentzündungen kann helfen, dauerhafte Schäden am Gehör zu verhindern.

Pflege

Ein gesundes Hundeohr benötigt normalerweise keine Pflege, sondern reinigt sich selbst. Die oberste Zellschicht im Gehörgang erneuert sich permanent durch Abschilferung der äußeren Zellen. Die im äußeren Gehörgang befindlichen modifizierten Schweiß- und Talgdrüsen (Zeruminaldrüsen) sondern Sekrete ab, die zusammen mit den abgeschilferten Zellen das Ohrenschmalz bilden.

Dieses wird beständig nach außen transportiert und dient zur Befeuchtung des Gehörganges sowie der Entfernung von Staub und Schmutz. Es kann zudem Bakterien bekämpfen oder Parasiten davon abhalten, sich anzusiedeln. Die Selbstreinigung eines gesunden Hundeohres sollte also nicht gestört werden.

Eine unsachgemäße »Pflege«, die den **natürlichen Schutz** durch das Ohrenschmalz im Gehörgang entfernt, aber auch häufiges Schwimmen oder Waschen können das Ohr anfälliger für Infektionen machen. Ob ein Hund Steh- oder Hängeohren hat, macht für die Entwicklung einer Gehörgangsentzündung zunächst keinen Unterschied, jedoch sind Hunde mit sehr langen Hängeohren bzw. Hunde mit besonders dichtem langen Fell in der Regel anfälliger dafür. Die mangelnde Belüftung bei Hängeohren kann auch bei kürzeren Ohren eine bestehende Otitis externa verkomplizieren.

Es ist sehr sinnvoll die **Ohren regelmäßig zu kontrollieren**, auf Ablagerungen wie vermehrtes Ohrenschmalz, Sekrete oder Schmutzansammlungen zu achten und auch den Geruch zu überprüfen, dieser sollte weder süßlich noch sauer, faulig oder eitrig sein.

Insbesondere bei prädisponierten Hunden sollten die Ohren sehr engmaschig kontrolliert werden, insbesondere im Sommer nach Spaziergängen auf Wiesen oder entlang von Getreidefeldern ist eine kurze tägliche Kontrolle ratsam, um etwaige Grannen am Eingang des Gehörganges rechtzeitig zu bemerken und zu entfernen.

Eine **Reinigung des Gehörgangs** sollte niemals mit Wattestäbchen erfolgen, da sie das Ohrenschmalz vor dem Trommelfell zusammenschieben können und es zudem verletzen können. Stattdessen kann man mit einem feuchten Tuch um den Finger oder speziellen Ohrreinigungstüchern sanft vom Eingang des Gehörgangs weg die Ohrmuschel säubern und auf diese Weise überschüssiges Ohrenschmalz, Sekrete oder Schmutz entfernen. Der

Gehörgang kann, wenn notwendig, mit einer dafür geeigneten Ohrspüllösung gereinigt werden. Dafür zieht man das Ohr lang und lässt die Flüssigkeit sachte in den Gehörgang einträufeln. Anschließend kann man ihn dann von außen behutsam massieren, die auf diese Weise gelösten Ablagerungen im Gehörgang danach vom Hund ausschütteln lassen und das Ohr nochmals auswischen. Man sollte eine Ohrreinigung also vorzugsweise draußen erledigen. Wichtig ist es, dabei wirklich behutsam vorzugehen und beim Massieren der Flüssigkeit möglichst keine Geräusche im Ohr zu verursachen. Dies führt ansonsten schnell dazu, dass die Hunde dies in der Zukunft nicht mehr tolerieren, da solche Geräusche, die direkt im Ohr am Trommelfell entstehen, unglaublich laut erscheinen und somit schnell die Schmerzgrenze erreichen.

Regelmäßig die Ohren kontrollieren

Hundeohren reinigen sich für gewöhnlich selbst. Die Kontrolle der Ohren sollte in regelmäßigen Abständen erfolgen, ganz besonders häufig aber in den Sommermonaten, wenn Fremdkörper wie Grannen eine große Rolle spielen. Prädisponierte Hunderassen benötigen grundsätzlich eine häufigere Kontrolle und bei Bedarf eine regelmäßige vorsichtige Reinigung mit einer dafür geeigneten Spüllösung, um das Ohr gesund zu erhalten.

Falls Auffälligkeiten wie ein veränderter Geruch, vermehrtes Ohrenschmalz oder Ohrenausfluss, Rötungen, Verletzungen oder Schwellungen am Ohr bestehen, sollte niemals eigenmächtig gespült werden, sondern immer zuerst eine tierärztliche Untersuchung stattfinden. Nur so können die Ursachen bestimmt und die Dichtigkeit des Trommelfelles überprüft werden. Erst danach kann die geeignete Spüllösung ausgewählt sowie die notwendige Therapie eingeleitet werden.

Virale Infektionen

Es gibt einige Virusinfektionen, die bei Hunden Schwerhörigkeit oder Taubheit verursachen können.

Obwohl das Canine Parvovirus (CPV) hauptsächlich den Magen-Darm-Trakt betrifft, kann es in einigen Fällen auch neurologische Komplikationen verursachen, die das Gehör beeinträchtigen können. Diese Virusinfektion kann schnell tödlich enden und ist sehr häufig. Eine Impfung dagegen sollte also zwingend bereits bei Welpen erfolgen, um einen Schutz gegen dieses Virus aufzubauen.

Das Canine Herpesvirus (CHV1) führt im Falle einer Infektion im Mutterleib meist zu Totgeburten. Bei einer Infektion neugeborener Welpen ist es eine meist tödlich verlaufenden Erkrankung. Falls die Welpen die Erkrankung doch überleben, können in einigen Fällen nervöse Störungen und Taubheit zurückbleiben. Auch hier ist eine Impfung möglich, diese wird in der Regel den zur Zucht vorgesehenen Hündinnen verabreicht, die entsprechend Antikörper ausbilden und ihre Welpen über die Weitergabe sogenannter maternaler (mütterlicher) Antikörper vor einer Infektion mit dem Virus schützen.

Das Staupevirus (Canine Distemper Virus/CDV), kann beim Verlauf als nervöse Form das zentrale Nervensystem schädigen, sodass es zu Hörverlusten kommen kann. Diese Erkrankung ist sehr ansteckend und oft tödlich, hat jedoch aufgrund der ebenfalls jahrzehntelangen standardmäßigen Impfung ihren Schrecken als tödliche Seuche verloren. Durch unzureichend immunisierte Importhunde oder nachlassende Impfquoten kann die Staupe jedoch weiterhin eine Rolle spielen, denn sie ist auch in der heimischen Wildpopulation noch verbreitet und eine Impfung daher zwingend notwendig.

Meningitis

Eine Entzündung der Hirnhäute, die durch bakterielle oder virale Infektionen verursacht wird, kann ebenfalls das Gehör beeinträchtigen, insbesondere wenn die Infektion in die Nähe des Innenohrs oder des Hörnervs gelangt.

Liegt ein Verdacht auf eine bakterielle oder Virusinfektion oder Anzeichen von Hörproblemen vor, ist es wichtig , den Hund tierärztlich untersuchen zu lassen, um eine genaue Diagnose zu erhalten und die geeignete Behandlung zu durchzuführen.

Ototoxische Medikamente

Medikamente, die das Gehör oder das Gleichgewichtssystem schädigen können, bezeichnet man als ototoxisch. Bei Hunden gibt es mehrere Medikamente, die als ototoxisch gelten:

- **Aminoglykosid-Antibiotika:** Diese Antibiotika, wie Gentamicin, Neomycin und Streptomycin, können bei längerer Anwendung oder in hohen Dosen das Innenohr schädigen.
- **Loop-Diuretika:** Wirkstoffe wie Furosemid können bei hohen Dosen oder schneller Verabreichung ototoxisch wirken, insbesondere wenn der Hund bereits an Nierenproblemen leidet.
- **Chemotherapeutika:** Einige Chemotherapeutika, wie Cisplatin und Carboplatin, können ebenfalls ototoxische Wirkungen haben.
- **Salicylate:** Hohe Dosen von Acetylsalicylsäure können bei Hunden zu Hörverlust führen.

Medikamente dürfen nur nach tierärztlicher Anleitung und in der verschriebenen Dosis verabreicht werden, um das Risiko von Nebenwirkungen, einschließlich Ototoxizität, zu minimieren. Wenn bei einem Hund während einer Medikation Anzeichen von Hörverlust oder Gleichgewichtsstörungen auftreten, sollte umgehend eine Tierarztpraxis aufgesucht werden.

Knalltrauma

Bei einem Knalltrauma oder Knallschaden handelt es sich um eine Schädigung des Gehörs, die durch plötzliche, sehr laute Geräusche verursacht wird, wie sie beispielsweise bei Explosionen oder Schüssen auftreten. Diese lauten Geräusche erzeugen einen starken Druck, der das Innenohr und die empfindlichen Strukturen darin schädigen kann. Die empfindlichen Sinneszellen im Innenohr können also einen dauerhaften Schaden nehmen. Bei sehr hohem Schalldruck (etwa durch eine Explosion oder einen Schlag auf das Ohr) können auch Teile des Mittelohrs oder das Trommelfell verletzt werden. Bei einem akuten akustischen Trauma kommt es zu kurzen stechenden Ohrenschmerzen.

Die Auswirkungen eines Knallschadens können variieren und umfassen:

- **Hörverlust:** Oft kommt es zu einem vorübergehenden oder dauerhaften Hörverlust, der bei verschiedenen Frequenzen auftreten kann.
- **Schmerzen:** Es können Schmerzen im Ohr auftreten, die durch den Druck und die Schädigung des Gehörs verursacht werden.
- **Gleichgewichtsstörungen:** Da das Innenohr auch für das Gleichgewicht verantwortlich ist, sind Störungen in diesem Bereich möglich.
- **Tinnitus:** Viele betroffene Menschen berichten von einem Ohrgeräusch, das als Klingeln, Summen oder Pfeifen wahrgenommen wird. Hunde können uns natürlich nicht mitteilen, ob sie einen Tinnitus haben, da ihr Gehör aber auf gleiche Weise aufgebaut ist, erscheint es zumindest sehr wahrscheinlich, dass auch sie nach einem Knallschaden darunter leiden könnten.

Nicht nur durch sehr kurze sehr hohe Schallpegelspitzen, wie sie bei einem Knallschaden auftreten, sondern auch durch anhaltend hohe Dauerschallbelastung können die Haarzellen im Innenohr mit ihren feinen Härchen (Stereozilien) dauerhaft geschädigt werden. Sie können dann die Schallschwingungen nicht mehr in elektrische Nervenimpulse umwandeln, die normalerweise über das Nervensystem ans Gehirn weitergeleitet werden. Es entsteht also eine sensorineurale Störung.

Es ist wichtig, bei Verdacht auf einen Knallschaden einen Arzt aufzusuchen, um mögliche Schäden wie einen Riss im Trommelfell frühzeitig zu erkennen und zu behandeln.

Alterstaubheit

Die Altersschwerhörigkeit oder -taubheit (Presbyakusis) bei Hunden entwickelt sich in der Regel schleichend und ist ein natürlicher Teil des Alterungsprozesses. Es gibt allerdings genetisch prädisponierte Rassen, die ein erhöhtes Risiko für die Entstehung einer Altersschwerhörigkeit oder Alterstaubheit haben.

Diese kann viele verschiedene Ursachen haben, die sowohl einzeln als auch kombiniert auftreten und sich so aufsummieren können.

Wie oben beschrieben befinden sich in der Hörschnecke im Innenohr die Haarzellen, die für die Umwandlung der Schallwellen in Nervenimpulse verantwortlich sind. Mit zunehmendem Alter können diese Zellen degenerieren, was zu einem Verlust der Hörfähigkeit führt.

Dabei können sich auch im Laufe des Lebens erlittene Schädigungen der Haarzellen durch zu laute Geräusche oder Knalltraumata im Alter aufsummieren.

Zudem kann die Durchblutung des Innenohrs mit dem Alter abnehmen und so die Gesundheit und Funktion der Hörstrukturen beeinträchtigen.

Im Laufe der Zeit können sich auch die anatomischen Strukturen des Ohres verändern. Das kann zum Beispiel den Gehörgang betreffen und dort zu einer Ansammlung von Ohrenschmalz oder anderen Ablagerungen führen, die das Hören beeinträchtigen. Auch altersbedingte Verkalkungen und Verknöcherungen im Innenohr sind möglich, die das Hörvermögen einschränken können.

Eine Altersschwerhörigkeit kann zudem noch durch andere altersbedingte Erkrankungen wie Arthritis oder neurologische Probleme, wie die kognitive Dysfunktion (Altersdemenz), verstärkt werden, da diese das Verhalten und die Reaktion des Hundes auf Geräusche beeinflussen.

Hunde mit einsetzender Altersschwerhörigkeit zeigen zunächst oft nur subtile Verhaltensänderungen, wie geringere Reaktionen auf Geräusche oder Schwierigkeiten, auf ihren Namen zu hören. Manche wirken daher etwas »altersstarrsinnig«. Sie können aber mit fortschreitendem Hörverlust auch spürbar ängstlicher oder zurückhaltender werden, da sie sich in ihrer Umgebung zunehmend unsicher fühlen. Manche Hunde sind plötzlich viel anhänglicher und folgen ihrem Besitzer in jeden Raum, aus Sorge, alleingelassen zu werden.

Es ist wichtig, auch bei älteren Hunden auf Anzeichen von Hörverlust zu achten und sie bei Auffälligkeiten immer tierärztlich untersuchen zu lassen, schon allein, um behandlungsbedürftige Infektionen und Ähnliches auszuschließen. Je nach Ursache der Hörminderung kann beispielsweise der Einsatz von durchblutungsfördernden Medikamenten hilfreich sein.

Eine frühzeitige Diagnose kann helfen, die Lebensqualität des Hundes zu verbessern und geeignete Anpassungen im Alltag vorzunehmen.

Mögliche Ursachen für Alterstaubheit

Neben den genetischen sowie allen anderen bereits beschriebenen Ursachen für Schwerhörigkeit und Taubheit kann es auch beim alternden Hund, wie beim Menschen, zu Durchblutungsstörungen und einem verlangsamten Stoffwechsel kommen und dadurch zu einem Nachlassen des Hörvermögens. Zudem können altersbedingte anatomische Veränderungen im Ohr das Hörvermögen beeinträchtigen.

Die Spätfolgen vorangegangener Infektionen, Entzündungen oder Traumata machen sich mitunter erst mit zunehmendem Alter bemerkbar oder summieren sich erst mit der Zeit so auf, dass sie das Hörvermögen erkennbar beeinträchtigen.

Die häufigste Ursache ist das zunehmende Absterben der Haarzellen und Nervenzellen, also der Sinneszellen im Innenohr, die vom Körper nicht regeneriert werden können. Diese Entwicklung betrifft in der Regel beide Ohren und verläuft schleichend. Meistens können dabei die hohen Töne zuerst nicht mehr wahrgenommen werden.

Neurologische Ursachen

Es gibt mehrere neurologische Ursachen für Taubheit bei Hunden. Neben den bereits angesprochenen genetischen Faktoren, den Aspekten der Alterstaubheit sowie den Infektionen, insbesondere des Innenohres, und den ototoxischen Medikamenten können auch Traumata, also Verletzungen am Kopf oder Ohr, zum Beispiel durch Unfälle oder Beißereien, die Hörfähigkeit beeinträchtigen, indem sie das Gehör oder die Nerven schädigen. Und auch Tumore im Ohr oder im Gehirn können Druck auf die Hörnerven ausüben und somit als ein Symptom Taubheit verursachen.

Daneben gibt es noch weitere neurologische Erkrankungen wie das Vestibularsyndrom oder andere neurologische Störungen, die ebenfalls zu einem Hörverlust führen können. Nicht nur die genannten Wirkstoffe, sondern auch andere chemische Substanzen, zum Beispiel Gefahrstoffe wie Blei, Quecksilber, Schwefelkohlenstoff und Zinn können bei Aufnahme ototoxisch wirken und das Gehör schädigen.

Hier sollte eine genaue tierärztliche Diagnose erfolgen, um die spezifischen Ursachen zu ermitteln und geeignete Behandlungsoptionen auszuwählen.

Vestibularsyndrom

Das Vestibularsyndrom beim Hund ist eine Störung des Gleichgewichtssinns, der für die Wahrnehmung von Körperlage und Bewegung verantwortlich ist.

Die Störung kann durch Probleme im vestibulären System verursacht werden, also im Gleichgewichtsorgan, das zum Innenohr gehört.

Die Symptome des Vestibularsyndroms können daher sehr ausgeprägt sein. Sie umfassen unter anderem Schwindel, Gleichgewichtsstörungen sowie unkoordinierte Bewegungen (Ataxien). Die betroffenen Hunde können meist nicht mehr geradeaus laufen und sich oftmals kaum noch auf den Beinen halten. Sie lehnen sich deshalb oftmals an der Wand an. Typischerweise besteht eine deutliche Kopfschiefhaltung, das heißt der Kopf ist zur betroffenen Seite geneigt. Hinzu kommen Übelkeit und Erbrechen, typisch sind zudem ruckartige schnelle Augenbewegungen (Nystagmus). Dabei bewegen sich die Augäpfel entweder horizontal, rotierend oder senkrecht hin und her.

Das Vestibularsyndrom kann sowohl bei älteren als auch bei jüngeren Hunden auftreten und verschiedene Ursachen haben. Das können zum Beispiel eine Innenohrentzündung (Otitis interna), eine Schilddrüsenunterfunktion (Hypothyreose), ototoxische Substanzen, die schädlich fürs Innenohr sind, Traumata oder Tumore im Innenohr sein. Wird keine Ursache gefunden, spricht man von einem idiopathischen, aus sich heraus entstandenen, Vestibularsyndrom, das oft plötzlich auftritt und meistens ältere Hunde großer Rassen betrifft.

Je nach Lokalisation und Ursache unterscheidet man auch zwischen einem peripheren und einem zentralen Vestibularsyndrom, bei letzterem liegt die Ursache nicht im Innenohr, sondern im Gehirn.

Das periphere Vestibularsyndrom betrifft die Strukturen im Innenohr und kann, wie bereits erwähnt, zum Beispiel durch Infektionen, Entzündungen oder Tumore verursacht werden. Da sich das Gleichgewichtsorgan ebenfalls im Innenohr befindet, können die direkt benachbarten empfindlichen Strukturen der Hörschnecke ebenfalls betroffen sein und es dadurch zu einer Hörbeeinträchtigung kommen.

Beim zentralen Vestibularsyndrom sind dagegen die zentralen Nervenstrukturen im Gehirn betroffen. Ursachen können auch hier Tumore oder Entzündungen sein.

Die Diagnose erfolgt in der Regel durch eine gründliche klinische Untersuchung, neurologische Tests und bei Bedarf bildgebende Verfahren wie Röntgen oder MRT. Die Behandlung hängt von der zugrunde liegenden Ursache ab und kann von medikamentöser Therapie bis hin zu symptomatisch unterstützenden Maßnahmen reichen. In vielen Fällen erholen sich die Hunde innerhalb von Tagen bis Wochen, insbesondere bei den häufigen idiopathischen Fällen.

2

Kommunikation und Tricktraining über Körpersprache

Unsere Geschichte

Omari wurde im Alter von etwa viereinhalb Jahren taub. Er war oft unleidlich, weil er meine Worte nicht hörte und meine Kommandos und Ziele somit nicht richtig verstand. Er reagierte draußen nicht mehr, wenn ich ihn rief. Schlief er gerade, störte es ihn nicht, wenn es um ihn herum laut war. Auf die Türklingel reagierte er nicht. Wenn er aus dem Fenster schaute oder mir den Rücken zukehrte, bemerkte er mich oft erst, wenn ich direkt hinter ihm stand. Omari ist ein sehr freundlicher Hund, der sich von Anfang an leicht erziehen ließ. Es passte nicht zu ihm, dass er unleidlich war oder auf ein Kommando nicht reagierte

Als wir gemeinsam für ein Dogdance Turnier im Garten trainierten, wurde es mir klar: Er war hoch motiviert und reagierte sofort auf alle Handzeichen, auf Sprache jedoch nicht. Von seiner Schwester wusste ich bereits, dass sie taub war.

Wir hatten von Anfang an für viele Kommandos wie »Sitz«, »Platz«, »Komm« oder »Bleib« Handzeichen verwendet, deshalb war er nie ganz »verloren«, wenn

ich ihm eine Aufgabe stellte. Uns fiel es dadurch erst spät auf, dass er uns nicht mehr verstehen konnte. In der Wohnung, wo es ruhig war, war es für ihn längere Zeit noch möglich, Worte zu verstehen, wenn ich ihm nah war. Aber draußen gab es viele andere Geräusche. Er reagierte dadurch überhaupt nicht mehr, vor allem wenn ich nicht direkt vor ihm stand.

Einer unserer Hörtests war, ihm auf der flachen Hand sein Lieblingsleckerli vor die Nase zu halten. Er hatte bereits als Welpe gelernt, Futter nur nach Freigabe durch ein Wortkommando zu nehmen. Er blieb bei diesem Test trotz mehrmaligem Freigabekommando geduldig vor dem Futter sitzen, das Wasser lief ihm im Maul zusammen.

Wir achteten nun besonders auf seine Reaktionen bzw. auf Situationen, in denen er nicht reagierte. Es wurde immer deutlicher. Vom Tierarzt erhielten wir Karsivan, was bei Altersschwerhörigkeit manchmal hilft. Es half bei Omari leider nicht.

Wir entschieden uns gegen eine sehr teure Untersuchung in Narkose, die Audiometrie, bei der hätte getestet werden können, welche Frequenzen Omari noch hörte. An der Therapie, so wurde uns gesagt, hätte das Untersuchungsergebnis nichts geändert.

Die Taubheit empfand ich zunächst als Katastrophe. Ich bin ein kommunikativer und extrovertierter Mensch und wusste erst nicht damit umzugehen. Auf der Suche nach einem Hundetrainer hatten wir keinen Erfolg. Immer wieder bekamen wir zur Antwort, dass die Trainer sich mit einem tauben Hund nicht auskennen würden.

Wir begannen selbstständig, etwas zu üben.

Die Corona-Pandemie bedeutete für Omari eine Wende. Es gab zunehmend Online-Angebote. Ich fragte bei Tricktrainern an, ob es für sie ein Problem wäre, wenn ich mit meinem tauben Hund teilnehmen würde. Die Antwort war für uns eine große Erleichterung: »Warum soll das ein Problem sein«? Wir machten viele Kurse und lernten, uns mit Gesten besser zu verständigen. Schnell wurde aus dem zuletzt unleidlichen Hund ein motivierter energiegeladener Trickhund. Trickzertifikate bestätigten unseren Erfolg.

Mittlerweile habe ich bei dem US-amerikanischen Unternehmen »Do more with your Dog« Kurse zum Canine Conditioning Fitness Coach, Trick Dog Instructor, Animal Actor Evaluator und Stunt Dog Judge gemacht. Seit November 2021 leite ich die Facebook-Gruppe »Tricks, Fitness & Fun« mit kostenlosen Informationsangeboten. Im Bereich Hundegesundheit, Hundefitness und Physiotherapie für Hunde habe ich mehrere Kurse belegt und bilde mich regelmäßig fort. Zudem bin ich Cooperative Care Trainer (CARE-TC) nach dem Konzept von Deborah Jones.

Elementar wichtige Fortbildungen gibt es im Bereich Körpersprache und Kommunikation von Hunden, die ich allen ans Herz legen möchte.

2022, 2023 und 2024 haben Omari und ich bei der Dog Talent Association (DTA) an der International Trick Dog Challenge teilgenommen. 2022 konnte Omari sich unter 80 Teams auf den 4. Platz tricksen, 2023 konnte er unter 90 Teams den 4. Platz verteidigen. 2024 hat er mit fast zehn Jahren unter 103 Teams insgesamt den 7. Platz, in der Kategorie Limits Free den 1. Platz und in der Veteranenklassse den 3. Platz ertrickst. Die Challenge umfasst sieben Aufgaben von Oktober bis März.

Nach der Challenge 2022 wurde ich von Olga Jones von der DTA angesprochen, ob ich mir vorstellen könnte, einen Part der Seminarreihe »Deaf, Blind and Amazing!« zu übernehmen. Der Grundstein für dieses Buch war gelegt.

Ich wünsche mir, dass alle Leserinnen und Leser dieses Buches eine zuverlässige Hilfestellung für die Kommunikation mit ihrem tauben Hund erhalten, um nicht so verzweifelt zu sein, wie wir es zu Beginn waren. Dieses Buch richtet sich an Frauchen, Herrchen, Trainer, Tierärzte und alle, die mit tauben und schwerhörigen Hunden arbeiten

Grundsätzliches:

- Taube Hunde können nahezu alles lernen.
- Je klarer wir in unserem Handeln sind, desto souveräner kann sich unser Hund entwickeln.
- Taube Hunde können und sollten zusammen mit hörenden Hunden trainieren.

Sofern der Hund noch im Welpenalter ist, möchte ich Medical Training und Kooperationsverhalten empfehlen. Beginnt man damit erst, wenn der Besuch beim Tierarzt Probleme bereitet, ist es nicht zu spät. Man benötigt allerdings mehr Geduld, Feingefühl und kleine Trainingsschritte, um Negatives positiv umzukonditionieren.

Lasst euch durch andere nicht limitieren!
Habt Freude und Spaß und werdet ein großartiges Team!

Ich bin taub

Auf dem Bild trägt Omari ein Halstuch mit einem durchgestrichenen Ohr, dem internationalen Zeichen für Taubheit. Es ist weniger bekannt als das gelbe Zeichen mit den drei schwarzen Punkten für Blinde.

Wir werden bei Spaziergängen häufig gefragt, welche Bedeutung das Zeichen habe. Auf der einen Seite erfordert das jedes Mal Erklärungen, auf der anderen Seite sehe ich es als eine Möglichkeit, das Zeichen bekannter zu machen und andere Hundehalter für taube Hunde und hörbeeinträchtigte Menschen zu sensibilisieren.

Alternativ kann das Zeichen als Anhänger am Halsband oder am Geschirr getragen werden.

Für den Fall, dass Omari doch einmal weglaufen sollte, habe ich an seinem Geschirr ein besticktes Klettband aus Stoff angebracht: Darauf steht: »Omari (taub)« und meine Handynummer. Er ist außerdem beim Tierregister für vermisste Tiere TASSO (www.tasso.net) registriert.

Schwerhörig oder taub – ein Unterschied in der Kommunikation?

Der Umgang mit tauben und schwerhörigen Hunden unterscheidet sich je nach Schweregrad der Einschränkung.

Je nach Ursache kann zunehmende Schwerhörigkeit und Taubheit ein schleichender Prozess sein, aber auch plötzlich eintreten.

Viele Hunde, die schwerhörig werden, sind auf dem Weg zur Taubheit.

Im medizinischen Teil dieses Buches erläutert Dr. Birgit Alsleben, dass die Hörbeeinträchtigung unterschiedlich stark ausgeprägt sein kann.

Bei Hunden mit einer leichten Einschränkung reicht es, lauter, langsamer und deutlicher zu sprechen oder auch eine Hundepfeife einzusetzen. Je weniger Nebengeräusche wie Musik oder ein laufender Fernseher den Hund während des Trainings ablenken oder es ihm schwieriger machen, die Sprachkommandos zu verstehen, desto einfacher wird es für den Hund, dich zu hören.

Bereits im frühen Stadium einer Schwerhörigkeit ist es sinnvoll, Handzeichen, Gestik und Körpersprache einzusetzen und sich in der Kommunikation aufeinander einzustellen.

Bei zunehmender Schwerhörigkeit wird die Kommunikation über Sprache schwieriger, sodass deine Körpersprache immer wichtiger wird.

Ich persönlich bin der Ansicht, dass man bereits mit jedem Welpen sowohl Sprachkommandos als auch körpersprachliches Kommunizieren üben sollte. Je mehr Sinne und Kommunikationskanäle angesprochen werden, desto mehr Möglichkeiten erschließen sich.

Wichtig:
Hunde lernen wie Menschen individuell.

In meiner aktuellen Hundegruppe gibt es hörende Hunde, die ausschließlich auf die Körpersprache ihres Frauchens achten. Eine Gruppenteilnehmerin hat zwei normal hörende Hunde, einer der beiden achtet auf Körpersprache, der andere reagiert auf Wortkommandos. Ich finde es großartig, wie sie auf beide Hunde eingeht.

Bindung

Bindung ist ein emotionales Band zwischen zwei Personen oder zwischen einem Menschen und einem Hund. Eine stabile Bindung sorgt bei einer abhängigen Person (wie einem Kind) für Schutz und Sicherheit. Das Gleiche gilt für die Bindung zu einem Hund als Haustier, in diesem Fall für die Bindung zum Herrchen oder Frauchen.

Hunde und Menschen bauen Bindungen ähnlich auf, deshalb funktioniert das Zusammenleben so gut.

Eine Beziehung kann von einer Bindung abgegrenzt werden. Im Idealfall entsteht in einer Beziehung auch eine Bindung. Für stabile Beziehungen sind Bindungen elementar.

Eine Beziehung entsteht zwischen zwei Menschen durch wechselseitige Kommunikation. Hinzu kommen die materielle und die funktionale Ebene sowie gemeinsame Interessen.

> **Beispiel:**
> In einer Tanzgruppe interessieren sich alle Mitglieder für den Tanz, sie trainieren zusammen, möchten gemeinsam auftreten, damit vielleicht Geld verdienen, kaufen sich dafür Kostüme und zahlen für den Unterricht sowie für Fahrtkosten. Dies beinhaltet aber nicht zwingend auch eine Bindung zwischen den Tänzern.

Bei Bindungen gibt es eine emotionale Komponente. Die beiden Personen, die eine Bindung zueinander haben, vermissen sich bei Abwesenheit. Sie unterstützen sich, es gibt also einen sozialen Kontext. Die beiden Personen halten sich gegenseitig nicht einfach für austauschbar.

Für ein harmonisches und liebevolles Zusammenleben sowie Verständnis ist – für den Menschen wir für den Hund – eine stabile Beziehung wichtig. Aus dieser Beziehung kann echte Bindung entstehen.

Eine Beziehung ohne Bindung reicht zwischen Herrchen/Frauchen und Hund nicht aus. Um eine gute Bindung aufzubauen, gehören das häusliche Management, körpersprachliches Arbeiten, das Ausdrucksverhalten sowie (positives) Training, Spiel und Spaß dazu.

Körpersprachliches Arbeiten ist bei tauben Hunden besonders wichtig, damit sowohl der Hund das Herrchen/Frauchen verstehen kann als auch umgekehrt.

Sobald dies bei uns funktionierte, war Omari nicht mehr unleidlich, wie er es in der Zeit war, als er uns nicht mehr hören konnte und oft nicht verstand, was wir von ihm erwarteten.

Wichtig ist, dass auch andere Menschen, die mit eurem tauben Hund umgehen, sein Ausdrucksverhalten, also seine Mimik und Körpersprache, lesen und verstehen können.

Für den Hund ist es wichtig, dass Herrchen und/oder Frauchen klar in ihrem Handeln, berechenbar und somit konsequent sind.

Hunde können, wenn sie mehrere Bezugspersonen haben, sehr gut unterscheiden, bei wem sie sich welches Verhalten (wie Betteln am Tisch) erlauben können und bei wem nicht, und bei wem welches Verhalten zielführend ist. Wenn Omari bei meiner Mutter ist und sein Geschäft erledigen muss, zeigt er dies durch lautes Bellen an und tippelt hin und her. Meine Mutter ist schwerhörig. Bei uns setzt er sich vor uns und seufzt oder schnaubt.

Schwierig einzuschätzen für den Hund wird es, wenn eine Bezugsperson inkonsequent handelt: In Situation A wird ein bestimmtes Verhalten ignoriert, in Situation B wird es bestraft und das gleiche Verhalten wird in Situation C bewusst oder unbewusst sogar bestärkt. Der Hund ist verwirrt.

Zum häuslichen Management gehört die Erfüllung der Grundbedürfnisse wie Nahrung, ausreichend Schlaf und Ruhepausen, Zuwendung, Bewegung, Körperpflege, Versorgung bei Krankheit, Unterkunft und Schutz. Der Hund soll sich wohl fühlen.

Durch Aktivitäten, die Mensch und Hund Freude bereiten, wird die Bindung ebenfalls gestärkt. Dabei kann es sich um Tricks, Fitness, Hundesport oder Spiele handeln.

Wichtig ist die Art und die Qualität der Bindung und Beziehung. Bei einer sehr engen Bindung besteht starkes Interesse aneinander. Eine solche Bindung bringt jedoch nicht automatisch auch eine hohe Lebensqualität mit sich.

Meine kleine Münsterländerdame Leika wurde im Alter von sechs Wochen zusammen mit ihren drei Geschwistern von der Mutter getrennt. Sie hatte eine sehr geringe Stresstoleranz. War ihr einmal etwas Schlimmes widerfahren, so waren ähnliche Situationen in der Folge ebenfalls schlimm. Außerdem mochte Leika keine Männer.

Sie kam im Alter von neun Wochen zu uns. Zu mir baute sie schnell eine sehr enge Bindung auf. Sie vertraute in erster Linie mir als Frauchen, dann dem Herrchen und unseren Eltern. Mit ihrer besten Freundin Gina gingen wir jeden Tag spazieren. Es dauerte drei Monate, bis Ginas Herrchen Leika das erste Mal streicheln durfte. Bei Fremden konnte ich sie nicht lassen. In ihren letzten Lebensjahren konnte sie hin und wieder bei ihrer Freundin Gina bleiben.

Leika schwamm für ihr Leben gern, doch sie hatte schreckliche Verlassensängste. Apportierte sie einen Stock aus dem Wasser, durften wir uns in den ersten Jahren keinen Meter von der Wurfstelle entfernen, da sie sonst Panik bekam, wir könnten weggehen, während sie noch im Wasser war. Dies wurde zum Glück besser. Sie lernte im Laufe der Jahre, dass sie den Menschen vertrauen konnte, mit denen ich freundlich umging. Sie wurde selbstsicherer und vertraute der Familie, dass sie keiner aus diesem engeren Kreis verlassen würde. Mir folgte sie »blind«. Hatte sie Angst vor etwas, zum Beispiel vor einem Agility Tunnel, und ich kroch hindurch, folgte sie mir und lernte so, dass der Tunnel nicht furchterregend war.

Omari hingegen war von Anfang an ein sehr selbstsicherer Hund. Wurde er in jungen Jahren von einem anderen Hund angeknurrt oder war dieser aggressiv, wollte er trotzdem noch einmal versuchen, mit diesem Hund zu interagieren. Es war an mir, auf Omari aufzupassen. Er beschäftigte sich viel mit sich selbst, fand alles interessant und kuschelt bis heute nicht übermäßig viel. Gekuschelt wird, wenn er zum Kuscheln kommt und bereit dafür ist. Kommen wir zum »falschen Zeitpunkt« auf ihn zu, dann geht er weg und wir akzeptieren es. Er liebt Tricks und Fitness. Alles, was wackelt und gefährlich sein könnte (Peanut Ball, Kreisel, Agility-Wippe, Baumstämme zum Balancieren, Skateboard), ist spannend, und er möchte es sofort ausprobieren. Ich muss öfter aufpassen, dass er sich nicht überschätzt. Er mag alle Menschen, die meisten Hunde, bleibt auch gern mal bei einer Freundin oder geht mit anderen spazieren. Vor der Corona-Pandemie war er hin und wieder in einer Hundetagesstätte und fand es wunderbar. Er ist unkompliziert. Bei Omari war es im Vergleich zu Leika anfangs schwieriger, eine Bindung aufzubauen.

Durch unsere vielen Trick Challenges und die neue Kommunikation aufgrund seiner Taubheit sind wir eng zusammengewachsen. Unsere Bindung ist sehr stark geworden.

Ohne Bindung besteht kein gegenseitiges Interesse. Bei einer geringen Bindung besteht geringes Interesse, bei starker Bindung großes und bei extremer Bindung starkes Interesse am anderen.

Wenn die Bindung und die Beziehung stark sind, so geht dies zulasten der Lebensqualität. Die höchste Lebensqualität hat ein Hund, der eine starke Beziehung und eine mittleres Bindungslevel hat, mit Tendenzen zu einem starken Bindungslevel wie mein Hund Omari. Er hat eine starke Bindung zu mir, mag aber auch viele andere Menschen. Er bleibt auch gern mal bei anderen Menschen, freut sich aber sehr, wenn er wieder bei mir ist.

Meine Münsterländerdame Leika war nur entspannt, wenn sie mit mir zusammen war. Sie ging auch gern zu meinen Eltern, aber sie blieb nicht bei anderen Menschen oder ging auch nicht mit anderen Menschen Gassi. Ihre Bindung war aufgrund ihrer Verlassensängste extrem, dies schränkte ihre Lebensqualität ein.

Positives Training

Ich möchte alle Leserinnen und Leser meines Buches darin bestärken, positiv mit ihren Hunden zu trainieren.

Als mein Hund noch hören konnte, waren wir in einer Hundeschule, in der nicht ausschließlich positiv trainiert wurde. Lief der Hund nicht bei Fuß, wurde an der Leine geruckt, einen Befehl dazu gab es nicht. So sollte er merken, was richtig ist. In dieser Hundeschule blieben wir nicht lange.

Als ich meinem Hund beibringen wollte, dass er nur Fressen auf Kommando nehmen sollte, wurde mir geraten, ihm immer dann, wenn er versuchen würde, das Futter zu nehmen, einen Stüber auf die Nase zu geben. Danach sollte ich ihn streicheln, damit er nicht handscheu würde.

Ich habe mich für einen anderen Weg entschieden. Wenn Omari das Futter aus meiner Hand nehmen wollte, schloss ich sie zur Faust. Nach zwei Tagen hatte er verstanden, dass er das Futter nicht einfach nehmen sollte. Wenn er wartete, gab ich ihm das Futter und führte das Kommando »Nimm's« zur Freigabe ein.

Mein Ziel ist, dass unsere Hunde nicht gehorchen, weil sie Angst vor uns haben, sondern weil sie mit uns eine enge Bindung eingehen und Freude daran haben zu gehorchen, weil sie dann eine positive Rückmeldung bekommen.

Im positiven Tricktraining belohne ich meinen Hund, wenn er etwas richtiggemacht hat. Macht er etwas falsch, ignoriere ich es. Ich gebe kein Zeichen für »nein« oder schaue ihn böse an.

DOG LAW: *»If it worked, I'll do it again. If it doesn't, I won't.«*
– Bonnie Bergin

Auf Deutsch: HUNDEGESETZ: *»Wenn es funktioniert hat, werde ich es wieder tun. Wenn nicht, werde ich es nicht wiederholen.«*

Wir haben verschiedene Möglichkeiten, unsere Hunde zu belohnen. Dies ist bei jedem Hund individuell.

Die meisten Hunde freuen sich über Leckerlis als Belohnung. Da mein Hund aus gesundheitlichen Gründen keine Leckerlis bekommen darf, trainieren wir mit seinem Futter zu den regulären Mahlzeiten. Dies hat den Vorteil, dass er nicht überfüttert wird und nicht unkontrolliert zunimmt.

Ganz gleich, ob wir Leckerlis, Futter oder beides im Training und in der Erziehung einsetzen: Die Menge sollte kontrolliert werden, damit unsere Hunde nicht übergewichtig werden und dadurch gesundheitliche Probleme entwickeln. Wie wir die Gabe von Leckerlis abbauen, um kein »Futterautomat« zu werden oder zu sein, erkläre ich in den Kapiteln »Clickertraining als Belohnung« und »Aufbau Clickertraining für taube Hunde«.

Sollte ich mit meinem tauben Hund beim Training sprechen?

Wir müssen uns bewusst machen, dass unser Hund uns nicht hört. Unsere Handzeichen und Körpersignale müssen deshalb klar erkennbar sein.

Hunde sind sensibel und empathisch. Je klarer unsere Körpersprache und Mimik sind, desto schneller werden unsere Hunde uns im Laufe der Zeit lesen können.

Ich habe anfangs mit Omari ohne zu sprechen und nur durch Handzeichen trainiert. Da ich ein kommunikativer und extrovertierter Mensch bin, fiel mir das schwer. Es fühlte sich für mich nicht authentisch an.

Mittlerweile rede ich, wenn mir danach ist. Manchmal rede ich gar nicht, es ist situations- und trickabhängig. Lernen wir Tricks, dann zeige ich – besonders bei neuen Tricks – überschwänglich, wie sehr ich mich freue, wenn er etwas richtig gemacht hat, und kombiniere es mit dem Wort »super«. Mir fällt es leichter, positive Emotionen zu zeigen, wenn ich sie mit positiven Worten verbinde.

Dadurch, dass ich mit meinem Hund viel rede, fällt es anderen Menschen, die uns nicht kennen, nicht auf, dass Omari taub ist.

Spontane Freude äußere ich durch Loben und Lachen. Es ist für mich authentischer, meiner Freude durch Gestik, Mimik und Sprache Ausdruck zu verleihen, als nur mit meinem Daumen nach oben oder meinem Lächeln. Mein Hund kann mich so gut lesen und Abstufungen erkennen.

Tipp:

Denk an eine Situation, in der du dich sehr gefreut hast und glücklich warst oder achte das nächste Mal darauf, wie du dich verhältst, wenn du mit einem anderen Menschen kommunizierst und dich sehr freust.

Schau dir Fotos und Videos von dir an, auf denen du dich freust, traurig oder ärgerlich bist. Du kannst auch vor dem Spiegel Gesichtsausdrücke ausprobieren.

Mach dir bewusst, dass du Gefühle ohne Sprache erkennen kannst. Dies kann dein Hund auch. Gefühle zu zeigen, ist in der Kommunikation wichtig, vor allem positive, um den Hund zu bestärken. Er soll ein positives Feedback bekommen, wenn er etwas richtiggemacht hat, dann wird er es wiederholen und ihr könnt als Team gemeinsam wachsen und zusammenwachsen.

Wichtig ist, dass du für dich entscheidest, ob du mit deinem Hund in Kombination mit deinen Kommandos in Form von Gesten sprechen möchtest oder nicht. Es sollte sich für dich authentisch anfühlen.

Außerdem empfehle ich dir einen Kommunikationskurs, um die Art und Weise, wie Hunde miteinander kommunizieren, besser zu verstehen. Dein Hund wird vieles, was für die menschliche Kommunikation typisch ist, lernen und verstehen. Aber es wird in vielen Situationen leichter für dich mit ihm zu kommunizieren, wenn du dich sehr gut mit der caninen Kommunikation auskennst und dich ihrer bedienen kannst.

Belohnung

Möglichkeiten der Belohnung:

- Futter/Leckerlis
- Spielen/Spielzeug zum Beispiel Zerrspiele, Apportieren
- Zuwendung
- Streicheln
- Markerwort: Lob mit bestimmten Wörtern wie zum Beispiel »super« bei hörenden Hunden.
- Clicker = »Daumen hoch« (bei hörenden Hunden wird ein Knackfrosch verwendet).
- Positive Körpersprache und freudige Mimik

Die Belohnung erhält der Hund immer in dem Moment, wenn er etwas richtiggemacht hat. Eine Belohnung ist es immer dann, wenn der Hund das eingesetzte Mittel auch als Belohnung empfindet. Erst dann kann es als Verstärker seines Verhaltens wirken.

Für einige Hunde eignet es sich nicht, mit Leckerlis zu trainieren, da sie sich primär auf das Futter konzentrieren. In diesem Fall sollten Leckerlis sparsam eingesetzt werden und die Belohnung durch den Clicker oder Spielen sowie eine positive Körpersprache ersetzt werden.

Der hörende Labrador Kati ist solch ein Hund. Kati kann für neue Tricks mit einem Leckerli gelockt werden, zum Beispiel um durch einen für sie unbekannten Reifen zu gehen. Damit sie sich konzentriert, vor allem wenn sie Tricks schon kann, ist es kontraproduktiv, Leckerlis einzusetzen. Sie konzentriert sich dann nur noch auf das Futter und führt die Tricks nicht mehr aus. Je schmackhafter das Leckerli ist, desto aufgeregter wird sie.

Lobe ich sie für einen Trick, so freut sie sich und führt nachfolgende Tricks konzentriert aus.

Die Auswahl der kulinarischen Belohnung steigert die Motivation. Je schmackhafter ein Leckerli für den Hund ist, desto größer fällt die Belohnung für ihn aus. Somit können unterschiedliche Leckerlis gezielt eingesetzt werden. Besonders schmackhafte Leckerbissen sollten für besondere Tricks, schwierige Aufgaben oder an Tagen, die mehr Motivation erfordern, eingesetzt werden.

Neben dem Ziel, unserem Hund etwas beizubringen, soll er beim Lernen eine positive Grundstimmung entwickeln und positive Emotionen empfinden. Trainiert ihr zum Beispiel immer an einem bestimmten Ort, so wird er im Laufe der Zeit mit diesem Ort etwas Positives verbinden.

Ängstlichen Hunden kann über Tricks und Erfolgserlebnisse mehr Zuversicht und Selbstbewusstsein vermittelt werden.

Optimismus durch Trainingserfolge!

Überforderung und Frustration erkennen

Wenn unsere Hunde überfordert sind, so zeigen sie dies. Manche Hunde zeigen in unterschiedlichen Situationen unterschiedliche der unten aufgelisteten Verhaltensweisen, andere zeigen immer die gleiche. Es ist unsere Aufgabe zu erkennen, wenn sich unsere Hunde nicht wohlfühlen, sich nicht mehr konzentrieren können, eine Pause benötigen oder mit einer Situation überfordert sind. Typische Zeichen, wenn es für einen Hund »zu viel des Guten« ist:

- Sich die Lippen lecken
- Gähnen
- Hecheln
- Sich kratzen
- Bellen
- Er zeigt ein großes Repertoire an Tricks, aber nicht den geforderten.
- Er versucht wegzugehen.
- Er schaut weg, sodass keine Kommunikation stattfinden kann.
- Er zeigt eine unterwürfige Pose.
- Er macht nichts.

Bei sportlichen Aktivitäten gibt es weitere Anzeichen dafür, dass die Muskulatur des Hundes ermüdet und/oder überfordert ist:

- Die Muskeln fibrillieren (zittern).
- Der Hund korrigiert seine Position immer wieder.
- Die Aufgaben werden nicht mehr korrekt ausgeführt.

Der Hund möchte das Training beenden

Der Hund sollte immer die Möglichkeit haben, wegzugehen bzw. erfolgreich anzeigen können, dass er mit einer Übung überfordert ist, sie nicht mag, müde ist oder sich nicht mehr konzentrieren kann. Optimal ist, wenn wir es erkennen, bevor er es selbst anzeigt.

Der Hund ist sehr aufgeregt

Wenn der Hund sehr aufgeregt ist, kann es passieren, dass er sich nicht richtig auf Übungen konzentriert und sich sogar verletzt, etwa bei Übungen auf einem Peanut Ball, Kreisel, Ballkissen oder beim Balancieren.

In diesem Fall sollte er sich erst einmal beim Laufen austoben oder Übungen ohne Geräte ausführen. Es kann auch richtig sein, diese Übungen zu vertagen.

Für die Übungen nutzen wir keine besonders hochwertigen Leckerlis, die den Hund zusätzlich motivieren.

Der Hund ist (noch) nicht interessiert

Wenn der Hund gähnt, gelangweilt oder lethargisch und (noch) nicht motiviert wirkt, gilt es, ihn mental einzustimmen. Übungen, die der Hund gerne macht, motivieren ihn im Rahmen des Aufwärmtrainings.

Bei uns ist Target Training wirkungsvoll. Dabei lege ich zwei Targets im Abstand von ca. zwei bis drei Metern auf den Boden, stehe in der Mitte und zeige jeweils auf das Target, zu dem er laufen soll. Omari läuft von Target zu Target und der Motivationslevel steigt schnell und deutlich sichtbar an.

Besonders schmackhafte Leckerlis steigern die Motivation ebenfalls.

Wenn der Hund einen Tag Pause benötigt, so ist diese zu gewähren.

Ist der Hund nicht interessiert, normalerweise aber sehr motiviert, geht es ihm möglicherweise nicht gut. In diesem Fall sollte nicht trainiert werden.

Jeder Hund hat eine individuelle Aufmerksamkeitsspanne, die es gilt herauszufinden. Ebenso, wann der Hund müde wird. Die Aufmerksamkeitsspanne kann von Übung zu Übung variieren.

Clickertraining als Belohnung

Im klassischen Sinne wird für das Clickertraining ein kleiner Knackfrosch eingesetzt. Das Clickergeräusch ist neutral und immer gleich.

Einen Clicker können wir bei tauben Hunden nicht einsetzen. Wir nutzen dafür ein Handzeichen: den Daumen nach oben (»Daumen hoch«).

Der Clicker oder »Daumen hoch« wird mit einem Leckerli verbunden und der Hund so mit einem positiven Belohnungsgefühl konditioniert. So kann der Hund im Laufe der Zeit belohnt werden, ohne jedes Mal etwas zu fressen zu bekommen. Das Zeichen »Daumen hoch« sollte Leckeres aber nicht gänzlich ersetzen, damit der Hund nicht frustriert wird.

Aufbau Clickertraining für taube Hunde

Schritt 1

Zunächst soll der Hund lernen, dass das Zeichen »Daumen hoch« positiv besetzt ist und bedeutet, dass er etwas richtiggemacht hat.

Damit der Hund auf das Zeichen konditioniert wird, nutze besonders zu Beginn sehr schmackhafte Leckerlis.

Der Hund befindet sich vor dir, damit er dich gut sehen kann. Begib dich auf seine Augenhöhe. Dies bedeutet in den meisten Fällen zum Hund auf den Boden.

Nun zeigst du das Handzeichen »Daumen hoch« und gibst dem Hund direkt danach ein Leckerli. Wiederhole diesen Schritt mindestens zehn Mal. So assoziiert der Hund ein Leckerli mit dem Daumen nach oben.

Wir machen uns die klassische Konditionierung nach Pawlow zu nutze. Dabei handelt es sich um eine Lerntheorie, der zufolge ein Tier oder ein Mensch eine bestimmte Reaktion auf einen bestimmten Reiz erlernt. Ein zuvor neutraler Reiz (unser Daumen hoch) wird mit einem Reiz, der die konditionierte Reaktion natürlich auslöst, kombiniert (ein Leckerli).

Die Konditionierung bedarf vieler Wiederholungen. Deshalb wiederhole Schritt 1 an mehreren Tagen hintereinander oder auch mehrmals am Tag.

Schritt 2

Zeigt dein Hund ein gewünschtes Verhalten auf dein Handzeichen wie zum Beispiel »Sitz«, dann zeige den »Daumen hoch« genau in dem Moment, in dem er das gewünschte Verhalten zeigt. Nach jedem Handzeichen belohnst du zusätzlich mit einem Leckerli.

Schritt 3

Du beginnst nun damit, nicht mehr nach jedem »Daumen hoch« und richtig ausgeführtem Verhalten ein Leckerli zu geben, sondern du gibst es unregelmäßig. Der Hund erhält nach jeder zweiten, dritten Ausführung oder auch zwei Mal hintereinander direkt ein Leckerli, nachdem du den »Daumen hoch« gezeigt hast. Das Handzeichen zeigst du jedes Mal. So werdet ihr davon unabhängig, dass der Hund nach jedem richtigen Verhalten ein Leckerli einfordert. Aber es ist nicht das Ziel, Leckerlis gänzlich abzubauen, um Frustration zu vermeiden.

Wichtig:
Jeder Hund ist individuell, deshalb benötigt auch jeder Hund individuell lange, um etwas zu lernen. Hinzu kommt deine richtige Ausführung. Je präziser du in der Ausführung von Handzeichen als Kommando und Belohnung bzw. positiver Bestärkung bist, desto eher kann dein Hund richtig darauf reagieren.

Ein Verhalten korrigieren

Bringst du deinem Hund einen Trick bei, in diesem Fall den »Twist« (Drehung um die eigene Achse), kann es sein, dass der Hund sich am Ende der Drehung hinsetzt. Wenn dein Ziel jedoch ist, dass er stehen bleibt, so ist es wichtig, dass du den »Daumen hoch« in dem Moment zeigst, wenn er die Drehung gerade vollführt hat und noch steht. Sitzt der Hund bereits und du zeigst dann den »Daumen hoch«, so speichert er ab, dass er sich nach dem Drehen jedes Mal hinsetzen soll.

Um das Verhalten zu korrigieren, ist es also wichtig, dass du schnell bist. Setze zunächst bei jedem richtigen Verhalten als Bestärkung das Handzeichen und im Anschluss sofort ein Leckerli ein.

Fehlverhalten sind schnell erlernt. Korrekturen dauern länger und erfordern Konsequenz und Geduld.

Lerntechniken

Es gibt unterschiedliche Techniken, mit denen wir unserem Hund etwas beibringen können oder ein Verhalten, das er zeigt, nutzen können.

»Luring« (Locken)

»Luring«, das Locken mit einem Leckerli, ist die bekannteste Methode. Hierbei hast du Futter in deiner Hand und lockst den Hund in die von dir gewünschte Position, zum Beispiel ins »Paws up«.

Beispiel »Paws up«

Beim »Paws up« steht der Hund mit seinen Vorderpfoten auf einem Gegenstand. Sobald sich der Hund in der gewünschten Position befindet, gibst du ihm ein Leckerli. So lernt er, dass es sich lohnt, dieses Verhalten zu zeigen. Nach einigen Wiederholungen würdest du bei einem hörenden Hund das Wortkommando, zum Beispiel »Paws up«, ergänzen. Bei einem tauben Hund zeigst du ihm das dazugehörige Handzeichen.

Die Position des Leckerlis beim Locken ist wichtig, damit der Hund die gewunschte Position ausfuhrt. Bei falscher Haltung zeigt der Hund eine andere Ausführung. Zudem kann man den Hund blockieren und seinen Bewegungsspielraum einschränken.

Du lockst den Hund mit einem Leckerli ins »Paws up«

Wenn der Hund verstanden hat, was das Handzeichen bedeutet, lockst du ihn nicht mehr.

Beispiel »Slalom durch die Beine«

Dein Hund steht links neben dir, dein rechtes Bein setzt du in Schrittstellung nach vorn. Du stellst nur den Vorfuß auf, die Ferse hat einen möglichst großen Abstand zum Boden, das Knie- und Hüftgelenk sind etwas gebeugt. Das Bein übernimmt zunächst kein Gewicht. In beiden Händen hältst du Futter. Du lockst den Hund mit der rechten Hand durch deine Beine, sodass er sich schließlich rechts neben dir befindet. Sobald er durch deine Beine gegangen ist, erhält er das Leckerli. Nun setzt du das linke Bein in Schrittstellung nach vorn auf und lockst den Hund mit der linken Hand. Sobald er durch beide Beine gelaufen ist, belohnst du ihn. Bei diesem Trick führst du durch diese Technik gleichzeitig das Handzeichen ein. Durch die Arm-/Handbewegung weiß dein Hund schnell, dass sie »Slalom« bedeutet. Du kannst die Gabe von Leckerlis mit der Zeit reduzieren und den »Daumen hoch« als Belohnung zeigen.

Im Laufe der Zeit können die Handzeichen kleiner werden und dein Hund lernt, dass er durch das aufgestellte Bein den Slalom machen soll. Das aufgestellte Bein kann ein Zeichen für sich sein, sodass später kein Handzeichen mehr notwendig ist.

Der Hund wird mit einem Leckerli in den Slalom gelockt. Später folgt er dem Handzeichen, zunächst mit, dann ohne Leckerli.

Folgt der Hund bereits dem Handtarget (siehe Kapitel »Handtarget«), kannst du ihn damit durch deine Beine führen und musst ihn nicht mit Futter locken.

»Modelling«

Mit dieser Technik bringst du den Hund in eine Position, indem du zum Beispiel sein Gesäß runterdrückst, wenn du möchtest, dass er »Sitz« macht. Es handelt sich um eine Manipulationstechnik, durch die der Hund zu einem Verhalten angehalten oder sogar gezwungen wird. Der Lernprozess geht bei dieser Technik verloren, da der Hund die Lösung nicht selber finden muss und kann.

Der Hund kann das »Modelling« als ein dominierendes Verhalten interpretieren.

Ich nutze diese Technik mit meinem Hund nicht und ordne sie nicht unter positivem Training ein.

»Mimicking« (Nachahmung)

Bei der Nachahmung soll der Hund ein Verhalten imitieren. Viele hörende Hunde imitieren zum Beispiel ein Heulen. Heult man ihnen etwas vor und trifft den richtigen Ton, so imitieren sie es.

In einem Mehrhundehaushalt lernen Hunde vom Verhalten der anderen Hunde und imitieren es.

Hin und wieder haben wir den ebenfalls fast taub gewordenen Hund einer Nachbarin bei uns. Pepe muss bei seinem Frauchen nicht automatisch »Sitz« am Bordstein machen, bevor er über die Straße geht. Omari hat gelernt, an jeder Bordsteinkante anzuhalten und die Straße erst nach Freigabe zu überqueren. Wenn wir spazieren gehen, orientiert sich Pepe an Omari. Die ersten Malen ist er einfach über die Straße gelaufen. Auf zwei Gassirunden habe ich ihn aktiv am Bordstein anhalten lassen, indem ich die Leine so kurzgehalten habe, dass er nicht weiter laufen konnte. Nun achtete Pepe darauf, was Omari tat, und änderte schnell sein Verhalten am Bürgersteig. Sobald Omari anhält oder sich hinsetzt, macht Pepe dies auch.

»Do as I do«

Das Lernkonzept »Do as I do«, bei dem wir dem Hund ein Verhalten vormachen, bietet sich an, um das gegenseitige auf einander zu achten zu trainieren. Hörende Hunde lernen, das gezeigte Verhalten auf das Wortsignal »Do it« oder »Mach's nach« zu imitieren.

Einem tauben Hund kann ein Handzeichen beigebracht werden. Handzeichen sind im Ursprungskonzept nicht vorgesehen, funktionieren aber gut. Das Handzeichen darf allerdings mit keinem anderen Signal verwechselt werden.

Ich halte als »Do it«-Signal meine lockere Faust mit ausgestrecktem Zeigefinger waagerecht vor meinen Rumpf, der Handrücken ist für den Hund sichtbar. Aus dem Handgelenk mache ich zwei Mal eine Kreisbewegung von meinem Rumpf weg.

Beispiel »Einen Gegenstand umrunden«

Der Hund sitzt. Ich nutze hierfür gerne ein Target (siehe Kapitel »Targets«). Du stehst neben dem Hund.

1. Der Hund sitzt auf dem Target und erhält das Signal für »Bleib«.
2. Du gehst um den Gegenstand herum und wieder zurück zum Hund.
3. Du gibst dem Hund das Handzeichen für »Do it« und im Anschluss das Handzeichen für »Herum«, also dafür, den Gegenstand zu umrunden.
4. Der Hund läuft um den Gegenstand. Sobald er ihn umrundet hat und dich sehen kann, zeigst du ihm den »Daumen hoch« und freust dich.

Wenn du dies mehrmals wiederholt hast, testest du, ob dein Hund verstanden hat, dass er nachmachen soll, was du getan hast. Du lässt nun das Zeichen für »Herum« nach dem »Do it«-Signal weg. Hat er es verstanden, so wird er den Gegenstand umrunden.

Damit er das Umrunden nicht nur mit einem bestimmten Gegenstand verbindet, kannst du jeden beliebigen Gegenstand einsetzen.

Komplexer wird es, wenn du bereits mehrere Aufgaben trainiert hast und dann zwei oder drei Gegenstände in einem gewissen Abstand aufbaust.

Weitere Ideen:

- Auf einen kleinen Hocker steigen.
- In eine Kiste oder einen liegenden Reifen steigen.
- Mit der Hand/Pfote einen Gegenstand berühren.
- Mit der Hand/Hundenase einen Gegenstand berühren.
- Über einen niedrigen Gegenstand springen.
- Durch zwei eng stehende Gegenstände gehen.

»Do as I do« erfordert Konzentration und Geduld. Achte darauf, wie lange dein Hund sich konzentrieren kann. Bei Omari reichte es zu Beginn nur für drei bis vier Durchgänge.

Ich gebe Omari das Signal für »Bleib« auf einem Target und gehe in den Reifen. Omari ist aufmerksam.

Omari wartet. Ich gehe zurück und gebe das »Do it«-Signal. Sobald er in den Reifen gelaufen ist, zeige ich ihm den »Daumen hoch«.

»Capturing« (Einfangen)

Bei dieser Technik warten wir darauf, dass der Hund ein Verhalten zeigt und belohnen es. Es sollte ein Verhalten sein, das der Hund öfter zeigt.

Setzt sich der Hund beispielsweise selbstständig hin, so wird er augenblicklich belohnt. Bei einem hörenden Hund wird ein passendes Kommando, beim tauben Hund das passende Handzeichen eingesetzt. Danach gibt es augenblicklich die Belohnung in Form eines Leckerlis oder des Clickers (»Daumen hoch«).

Diese Technik eignet sich zum Beispiel dafür, um dem Hund beizubringen auf Kommando zu bellen oder sich zu schütteln.

Beispiel »Bellen«

Während der Hund bellt, wird das Handzeichen für Bellen gegeben. Aus der Startposition, in der sich alle Fingerspitzen berühren, wird die Hand explosiv geöffnet und gespreizt. Befindet sich der Hund gerade in einem endlosen »Bellkonzert«, wird er die Geste vermutlich nicht registrieren. Achtet er auf das Handzeichen, so kann er, nachdem er es mehrfach gesehen und einen »Daumen hoch« als Lob erhalten hat, ab und zu ein Leckerli bekommen. Hast du das mehrfach probiert, kannst du versuchen, ob der Hund als Reaktion auf dein Handzeichen bellt. Omari hat das sehr schnell verstanden. Mein hörender Münsterländer erhielt beim Bellen das Kommando »Laut« und hat es sofort verstanden.

»Shaping«

Wenn wir dem Hund zum Beispiel einen Trick mit einem Gegenstand beibringen möchten, gehen wir in kleinen Schritten vor. Zunächst wecken wir das Interesse für den Gegenstand, mit dem wir einen Trick lernen wollen. Sobald der Hund Interesse zeigt, wird dieses belohnt. Dabei kann es sich um das Anschauen des Gegenstandes handeln. Im nächsten Schritt wird das Schnüffeln oder Berühren des Gegenstandes belohnt, im dritten Schritt eine Interaktion. In diesem Fall ist mein Ziel, dass mein Hund mit seiner Pfote auf einen Gegenstand tippt. Hat er es zum ersten Mal getan, so belohne ich dies überschwänglich und belohne ihn nur noch, sobald er dieses Verhalten zeigt. Es lohnt sich, nicht zu schnell voranzugehen. Ist dem Hund das gewünschte Verhalten noch nicht klar, so übt noch einmal den Schritt davor.

Zeigt der Hund das Verhalten mehrfach, so wird das Handzeichen eingeführt. Wir nutzen die Technik Shaping, um die Nutzung des Vibrationshalsbands aufzubauen.

Üben auf unterschiedlichen Niveaus und auf Distanz

Um Handzeichen einzuführen oder neue Tricks zu erlernen, ist es zunächst für den Hund am einfachsten, wenn du dich auf seine Ebene begibst: bei kleinen Hunden auf den Fußboden, bei großen zum Beispiel in den Kniestand auf dem Fußboden oder in den Sitz auf einem Stuhl. So kann der Hund die Handzeichen, die auf Augenhöhe ausgeführt werden, besonders gut sehen.

Funktioniert dies gut, variierst du die Höhe. Du begibst dich bei kleinen Hunden vom Sitz auf dem Boden in den Kniestand, dann in den Sitz auf einem Stuhl und zum Schluss in den Stand.

Schritt für Schritt vergrößerst du die Distanz zu deinem Hund. Je weiter ihr voneinander entfernt seid, desto kontrastreicher sollte sich die Hand von deiner Kleidung abheben. Weiße Handschuhe aus Stoff eignen sich sehr gut, da er sie draußen und zum Beispiel in der Dämmerung besser sehen kann.

»Nein!«

»Nein« ist für Verbote und unerwünschtes Verhalten manchmal unerlässlich. Im Tricktraining hat es allerdings nichts zu suchen.

Wenn ich etwas verbieten oder unterbinden möchte, so müssen meine Gestik und Mimik und ggf. auch meine Körperhaltung zusammenpassen.

Ich setze bei Omari selten das »Nein« ein.

Es gibt bei uns drei Abstufungen. Stufe 1 reicht in den meisten Fällen aus.

Stufe 1:

Wenn ich möchte, dass mein Hund mit einem Verhalten aufhört, halte ich den Zeigefinger bei lockerer Faust gestreckt und bewege ihn nach rechts und links.

Durch diese Bewegung kann er das Handzeichen von der Geste »Sitz« unterscheiden. Mein Blick ist neutral oder ernst.

Ich kombiniere es manchmal mit der typischen Kopfbewegung für »Nein«.

Der Finger wird mehrfach von rechts nach links bewegt, um dem Hund das »Nein« zu signalisieren.

Stufe 2:
Ich gucke ihn zusätzlich böse und durchdringend an.

Stufe 3:
Ich baue mich mit zusätzlich vorgeneigtem Oberkörper und breiten Schultern vor ihm auf. Für mich hat die Haltung etwas von einem Bullterrier.

Strafe

Eine Strafe sorgt dafür, dass das gezeigte Verhalten in Zukunft seltener gezeigt wird. Eine Strafe fördert weder die Beziehung noch die Bindung.

Wie bei einer Belohnung ist all das eine Strafe für den Hund, was *er* als Strafe empfindet, nicht wir. Nimmst du am Hund eine Handlung vor, die er nicht mag, so bestrafst du ihn. Es kann sich um eine Handbewegung, ein manipulatives Verhalten wie beim »Modelling« oder um den Ruck an der Leine handeln, um Schmerz, Lärm oder Kälte. Ein »Nein!« kann bereits eine Strafe sein. Daraufhin wird der Hund in Zukunft versuchen, dieser oder einer ähnlichen Situation aus dem Weg zu gehen.

Wichtig:
Strafen haben im Tricktraining nichts zu suchen.

Mustererkennung

Hunde lernen schnell. Sie mögen klare Strukturen und erkennen Muster. Möchtest du mit deinem Hund mehrere Verhaltensweisen nacheinander üben, wie zum Beispiel »Sitz«, »Platz« und »Dreh dich«, so achte darauf, dass die Reihenfolge nicht immer gleich ist. Der Hund lernt andernfalls, dass er sich nach »Sitz« und »Platz« immer um die eigene Achse drehen soll.

Handzeichen

Handzeichen sollten eindeutig sein und sich voneinander so gut unterscheiden, sodass weder du noch dein Hund sie verwechseln können. Je mehr Tricks und Verhaltensweisen ihr euch erarbeitet, desto mehr Kreativität ist erforderlich.

Besonders am Anfang helfen große Gesten und deutliche Handzeichen. In der Regel können sie im Laufe der Zeit dezenter werden.

Je größer die Distanz zwischen euch ist, desto größer und somit eindeutiger sollten die Handzeichen sein, damit der Hund sie sehen kann.

Die schon erwähnten weißen Handschuhe aus Stoff können eine Hilfe sein, um Hände und Gesten auf buntem Hintergrund, wie zum Beispiel vor deiner farbigen Kleidung, besser sichtbar zu machen. In der Dämmerung sowie auf Distanz sind weiße Handschuhe ebenfalls besser zu erkennen.

»Sitz«

Der Hund steht. Nimm ein Leckerli und zieh es vor der Nase des Hundes etwas nach oben, der Hund wird den Kopf heben und sich hinsetzen. Sobald er sitzt, gibst du ihm das Leckerli. Du kannst dein Handzeichen für »Sitz« in dem Moment, in dem sich der Hund hinsetzt, ergänzen.
Hältst du das Leckerli zu hoch, könnte es sein, dass der Hund sich auf seine Hinterbeine stellt.

Hat der Hund das Kommando verstanden, so reduzierst du die Leckerlis und nutzt dein Signal für Lob, den »Daumen hoch«, und gibst unregelmäßig Leckerlis, zum Beispiel jedes zweite oder dritte Mal, dann wieder zweimal hintereinander. So baut ihr die Gabe von Leckerlis bei jedem Trick ab. Den »Daumen hoch« kannst du auch dann zeigen, wenn ein Leckerli folgt, damit der Hund etwas Positives mit dem »Daumen hoch« verbindet.

Automatisieren und transferieren vom Sitz:

- Dein Hund macht »Sitz« auf verschiedenen Untergründen und Gegenständen.
- Dein Hund macht »Sitz« auf Distanz: ein Meter, zwei Meter, drei Meter

Der erhobene Zeigefinger bei locker geschlossener Hand ist das Handzeichen für »Sitz«.

Gib nach der Übung »Sitz« ein Auflösungskommando, zum Beispiel das Signal für »Komm«, damit der Hund sich nicht daran gewöhnt, Kommandos selbst aufzulösen.

»Platz«

Der Hund befindet sich im »Sitz«. Du ziehst vor seiner Nase ein Leckerli runter und ein wenig nach vorn bis zum Fußboden. Der Hund folgt dem Leckerli und legt sich hin.

Handzeichen für »Platz«: Die flache Hand zeigt nach unten. Beginne zunächst damit, dass du die flache Hand nach unten bewegst und mit ihr den Boden berührst. Wenn der Hund »Platz« sicher verstanden hat, musst du dich nicht mehr so tief herabbeugen und den Fußboden berühren. Dann versteht der Hund bereits die Abwärtsbewegung der Hand.

Gib nach der Übung »Platz« ein Auflösungskommando, zum Beispiel das Zeichen für »Komm«.

Omari ist gerade dabei, sich auf das Handzeichen für »Platz« hinzulegen.

»Bleib«

Das Handzeichen für »Bleib« ist die sichtbare Handfläche. Die Finger sind gestreckt und nah beieinander. Die Fingerspitzen schauen nach oben. Dieses Signal kann auch für »Stop« aus der Bewegung und für »Warte« eingesetzt werden, wenn der Hund »Bleib« verlässlich kann.

Schritte 1

Dein Hund macht »Sitz« oder »Platz«. Du kannst beides trainieren. Abhängig von der Situation nutze ich beides. Beginne zunächst nur mit einer der beiden Positionen, um den Hund nicht zu verwirren.

Nachdem du die Position belohnt hast, zeigst du deinem Hund das Handzeichen für »Bleib«. Er soll die Position nicht verändern. Nach ein bis zwei Sekunden belohnst du ihn.

Schritt 2

Schritt für Schritt kannst du die Zeitdauer bis zur Belohnung etwas verlängern.

Schritt 3

Nun beginnst du, Abstand aufzubauen. Du zeigst deinem Hund das Handzeichen für »Bleib« und entfernst dich einen Schritt rückwärts von ihm. Du zeigst ihm den »Daumen hoch«, gehst wieder zu ihm und belohnst ihn. Schrittweise kannst du den Abstand vergrößern. Dabei verlängert sich die Zeit automatisch.

Gib nach der Übung »Bleib« ein Auflösungskommando, zum Beispiel das Handzeichen für »Komm«.

»Bleib« auf Distanz / »Stop«

»Bleib«, wenn ein Fahrrad vorbeifährt

»Warte ab« – wenn der Hund nicht fressen soll.

Ein mögliches Auflösungskommando, wenn der Hund fressen darf.

Die Decke

Wenn dein Hund »Bleib« gelernt hat, kannst du mit ihm »Bleib« auf einer Decke üben.

Diese oder eine andere Decke, die ihm vertraut ist, kannst du mitnehmen, wenn ihr ins Restaurant oder zum Tierarzt geht und ihm so Sicherheit vermitteln.

Die Decke hat die Funktion eines Targets (siehe Kapitel »Targets«). Omari hat Decken generalisiert. Wann immer ich eine auf den Boden lege, legt er sich umgehen darauf. Es kann sich dabei auch um einen Pullover oder eine Jacke handeln.

Auflösungskommando

Nach jeder auf Kommando eingenommenen Position wie »Sitz«, »Bleib«, »Platz«, »Warte« oder »Paws up« gibst du dem Hund ein Auflösungskommando. Dabei kann es sich um das Signal für »Komm«, »Los« oder ein eigenes Handzeichen handeln. Das Auflösungskommando ist wichtig, damit der Hund nicht selbstständig beginnt, die Position aufzulösen. Ihm soll klar sein, ob die Übungen beendet ist oder noch nicht.

»Komm«

Kleine Bewegungen eignen sich, wenn der Hund nicht weit weg und mit Handzeichen schon vertraut ist. Je weiter der Hund entfernt ist, desto größer sollte die Geste sein.

Möglichkeit A

Du bewegst die gestreckten Finger (bis auf den Daumen) der ausgestreckten Hand auf dich zu, dabei beugst du die Hand in den Grundgelenken. Mit etwas Phantasie sieht sie dann aus wie ein Dach mit windschiefem Schornstein.

Möglichkeit B

Du winkst den Hund mit der Hand zu dir heran. Dabei schaut die Handfläche der geöffneten Hand zunächst nach oben. Aus dem Handgelenk bewegst du sie auf deinen Körper zu.

Möglichkeit C

Du winkst den Hund mit dem Unterarm zu dir heran. Dabei schaut die Handfläche der geöffneten Hand zunächst nach oben, der Ellenbogen ist gestreckt. Du beugst das Ellenbogengelenk zügig an und bewegst die Hand so auf deinen Körper zu.

Möglichkeit D

Du klopfst dir mit der flachen Hand auf deinen Oberschenkel. Diese Geste nutze ich, wenn Omari zu mir kommen und sich vor mir hinsetzen soll.

»Pfötchen geben«

Schritt 1

Nimm ein Leckerli und mache eine Faust. Dein Hund soll sehen, dass du ein Leckerli in deiner Faust versteckt hast. Halte deinem Hund die Faust mit dem Leckerli hin. Nicht zu hoch, sondern nah über dem Boden. Sobald er versucht, mit der Pfote an das Leckerli zu kommen und deine Hand berührt, belohnst du ihn mit der anderen Hand. Der Hund lernt so, dass es sich lohnt, die Hand mit der Pfote zu berühren.

Schritt 2

Im nächsten Schritt öffnest du die Hand. Die Finger sind gestreckt, die Handfläche zeigt nach oben. Es befindet sich kein Leckerli mehr in dieser Hand. Sobald der Hund die Hand mit der Pfote berührt, belohnst du ihn.

Wichtig:
Trainiere bitte mit beiden Pfoten, damit es zu keinem Muskelungleichgewicht kommt. Rechte Hand rechte Pfote, linke Hand linke Pfote.

»Männchen«

Kleinen Hunden fällt es aufgrund der Hebelverhältnisse oft leichter als großen Hunden, diese Übung auszuführen.

Halte ein Leckerli über die Nase deines Hundes. Am Anfang darf er deine Hand mit seinen Pfoten halten oder seine Vorderpfoten auf deinen Arm legen. Er wird diese Übung nur ausführen können, ohne sich bei dir abzustützen, wenn sein Rücken senkrecht zum Boden und somit gerade ist. Wenn ein anderer Winkel entsteht, indem er sich nach vorne lehnt, hat er keine Chance, das Gleichgewicht zu halten. Ist er zu weit nach hinten geneigt, kann er nach hinten kippen.

Unser Handzeichen für »Männchen« sind die gespreizten Zeige- und Mittelfinger zu einem »V«, die Fingerspitzen zeigen nach unten.

»Männchen« ist eine großartige Übung, um die Bauch- und Rückenmuskulatur zu stärken. Wenn es noch nicht ohne Hilfe funktioniert: Sei geduldig und gib deinem Hund Zeit.

Eine Alternative für große Hunde wäre es, hinter dem Hund zu stehen. Deine Füße stehen im »V«, der Po deines Hundes sitzt dazwischen. Mit Futter lockst du den Hund hoch, deine Beine stützen den Rücken des Hundes, zusätzlich kannst du sanft mit der Hand an der Brust unterstützen.

Tipp:
Mach ein Video, um zu überprüfen, ob der Winkel stimmt, auch wenn der Hund deinen Arm als Unterstützung verwendet.

»Twist« (»Dreh dich«)

Halte ein Leckerli vor die Nase deines Hundes. Er soll dem Leckerli folgen, während du es im Kreis führst, sodass er sich um die eigene Achse dreht.

Trainiere diese Übung symmetrisch, also in beide Richtungen, damit der Hund die Wirbelsäule in beide Richtungen gleichermaßen mobilisiert.

Die Handgeste ist später eine Kreisbewegung, zunächst mit dem Arm. Sie kann im Laufe der Zeit kleiner und aus dem Handgelenk ausgeführt werden.

Wenn du das mit einem kleinen Hund übst, musst du dich nach einiger Zeit nicht mehr bücken.

Alternativ kannst du den Hund einem Targetstick folgen lassen, wenn ihr mit diesem schon geübt habt (siehe Kapitel »Targetstick«).

»Herum«

Der Trick, den Hund um etwas herum zu schicken, ist auch im Alltag hilfreich. Steht dein angeleinter Hund auf der anderen Seite eines Baumes oder eines Laternenpfahls, so holst du ihn so zurück zu dir und vermeidest, dass er sich mit der Leine um den Baum oder den Pfahl wickelt.

Tipp:
Die meisten handelsüblichen Pylonen sind orangefarben. Der Hund sieht stattdessen Gelb- oder Brauntöne und kann sie daher nicht gut vom grünen Gras unterscheiden. Wenn ihr draußen trainiert, nutze einen gelben oder blauen Gegenstand, um es deinem Hund zu vereinfachen. Da Hunde auf Bewegung reagieren, könntest du für das Outdoortraining ein Fähnchen oben an einer orangefarbenen Pylone anbringen, dann sieht er sie besser, wenn sich das Fähnchen im Wind bewegt.

Schritt 1

Du lockst deinen Hund mit einem Leckerli und führst ihn so um einen Gegenstand herum, wie zum Beispiel eine Pylone. Sobald er um den Gegenstand gelaufen ist, erhält er das Leckerli als Belohnung.

Mit der rechten Hand führst du den Hund nah an der Pylone gegen den Uhrzeigersinn herum, mit der linken im Uhrzeigersinn.

Schritt 2

Der Hund folgt deiner Hand ohne Leckerli. Du machst eine Bewegung mit dem Arm und der Hand um den Gegenstand herum.

Schritt 3

Der Hund befindet sich rechts neben dir. Ihr steht nah am Gegenstand. Du bewegst dich mit dem rechten Bein Richtung Gegenstand, drehst deinen Körper dabei etwas zum Gegenstand und führst mit der rechten Hand die Armbewegung aus. Sobald der Hund um die Pylone gelaufen ist und wieder Sichtkontakt zu dir hat, zeigst du ihm noch in der Bewegung den »Daumen hoch«. Gib ihm, sobald er die Aufgabe ausgeführt hat, ein Leckerli.

Links herum führst du die Übung entsprechend spiegelverkehrt aus.

Schritt 4

Du vergrößerst schrittweise den Abstand zur Pylone.

Im Laufe der Zeit wirst du die Gesten kleiner machen können.

Trainiere beide Seiten, sodass der Hund sowohl von rechts als auch von links um Gegenstände laufen kann.

Der rechte Arm und das rechte Bein zeigen die Laufrichtung an.

Sobald der Hund um den Gegenstand gelaufen ist und dich sieht, zeigst du den »Daumen hoch« als Lob und Bestätigung.

Automatisch an der Straße sitzen/anhalten

Voraussetzung: »Sitz«, »Bleib«, Auflösungskommando

Immer, wenn du mit deinem Hund an einen Bordstein kommst, soll er »Sitz« machen. Zunächst trainiert ihr »Sitz« am Bordstein mit eurem Handzeichen. Bitte vergiß die Belohnung nicht. Ihr benötigt auch ein Auflösungskommando.

Bei tauben Hunden ist es wichtig, dass du wartest, bis dein Hund dich anschaut, nicht nur ganz kurz, sondern länger. Dann gibst du das Handzeichen für »Los«, zunächst eine deutliche Bewegung des Arms nach vorn. Wenn du gleichzeitig losgehst, verbindet er das Zeichen damit, über die Straße zu gehen.

Warte, bis der Hund dich aufmerksam anschaut.

Später soll er das Zeichen auch ohne dein Losgehen ausführen können. Mit der Zeit kann die Geste kleiner werden. Als Zwischenschritt belohnst du das Anschauen.

Das Ziel ist, dass dein Hund an jedem Bordstein automatisch anhält. So kann es euch nicht passieren, dass er vor ein Auto läuft.

Trainiert bitte an der Leine und zunächst an Straßen ohne oder mit nur wenig Verkehr.

Gib das Signal »Los« zum Überqueren der Straße

Sobald der Hund losläuft, gehst du in normalem Tempo weiter über die Straße

Den Hund schicken

Der Hund springt über ein Hindernis zu einem Bodentarget mit Futter. Später kann das Futter weggelassen werden. Das Target ist später auch ohne Futter sinnvoll einzusetzen, damit der Hund sich nach dem Sprung nicht sofort zu dir umdreht, sondern den Fluss der Bewegung fortsetzt.

Dies ist die Armgeste, um den Hund über eine Hürde zu schicken. Du stehst neben der Hürde oder dem Gegenstand, über den der Hund springen soll. In diesem Fall ist die Armgeste gleichzeitig das Auflösungskommando für die Warteposition.

Der Hund wartet auf die Freigabe zu springen.

Motorisches Lernen

Das motorische Lernen beinhaltet vielen Faktoren. Lerneffekte hängen nicht allein von der Anzahl der Wiederholungen ab. »Niemand weiß, wie viele ›Wiederholungen‹ erforderlich sind, um (…) eine übertragbare Fähigkeit zu entwickeln, die wir in neuen Situationen anwenden können« (Dr. Timothy Lee, »Motor Control and Learning«). Weiter weiter schreibt Lee: »Variabilität in der Praxis, (…), sinnvolle Schwierigkeiten, (…) und Emotionen sind alles Schlüssel zur Entwicklung und Verbesserung von Fertigkeiten«.

Motivation ist die treibende Kraft für Handlungen. Zur extrinsischen Motivation gehören zum Beispiel Leckerlis oder Spielen als Belohnung. Die soziale Komponente wird durch gemeinsame Zeit gefördert, die wiederum die Bindung stärkt. Intrinsische Faktoren sind Aktivitäten, die um ihrer selbst willen ausgeführt werden.

Omari liebt Targets. Liegen die Targets der letzten Trainingseinheit noch in unserer Trickecke, so sitzt er oft dort, um mir zu signalisieren, dass er üben möchte. Er übt mit Targets auch ohne Futterbelohnung, der »Daumen hoch« reicht.

Im Wald läuft er eigenständig über horizontal liegende Baumstämme, da er gern balanciert.

Als er meine Tabla (arabische Trommel) kennenlernte, trommelte er weiter, als ich Leckerlinachschub aus der Küche holte. Was ihm Spaß macht, macht er ohne Aufforderung.

Der optimale Schwierigkeitsgrad scheint für das motorische Lernen genauso relevant zu sein, wie die Repitition. Lernen ist ein dynamischer Prozess.

Übt man immer das Gleiche, so erzielt man auf Dauer keine Fortschritte. Sind Aufgaben zu leicht, schon Routine oder zu schwer, so flacht die Lernkurve ab. Bei zu schwierigen Aufgaben, sprich zu schnellen oder zu großen Lernschritten, muss man noch einmal starten und mehrere Schritte zurückgehen, um den Hund wieder zu motivieren und einen Lernerfolg zu erzielen. Kleinschrittiges Lernen ist erfolgreicher als zu schnell zu viel zu wollen. Lernen darf schwierig sein, die Aufgabe muss jedoch umsetzbar sein und sollte nicht zu Frust führen.

Positives Training ist wichtig.

Wann üben wir mit unserem Hund den nächsten Schritt? Kann er drei Wiederholungen hintereinander fehlerfrei ausführen, so können wir zum nächsten Schritt übergehen. Kann der Hund dies nicht, so wiederholen wir den Lernschritt davor.

Menschen lernen schneller und nachhaltiger, wenn Aufgaben in eine Handlung eingebunden sind. Statt die Hand nur zu öffnen und zu schließen, ist es nachhaltiger, dies zu tun, um einen Gegenstand zu greifen und ihn dann wieder loszulassen. Mit unseren Hunden lernen wir die meisten Tricks eingebunden in eine Handlung, das macht es von vornherein leichter. Tricks, die keine erkennbare Handlung haben, wie zum Beispiel das Pfotenkreuzen, sind schwieriger zu erlernen.

Variationen von Aufgaben und somit ihr Transfer sind wichtig und fördern das motorische Lernen. Die Grundaufgabe sollte verstanden und zuverlässig abrufbar sein. Hierzu zählt auch die Aufgabe, an unterschiedlichen Orten (z. B. in einem anderen Zimmer, im Garten) zunächst ohne und später mit Ablenkung zu trainieren.

Zur Planung von Trainingseinheiten gehört:

- Die Technikauswahl (z. B. »Luring«, »Shaping«).
- Der Einsatz von Hilfsmitteln (z. B. Targets, Hocker).
- Die Aufsplitterung des Tricks in kleine Lernschritte.
- Die Auswahl der Art der Belohnung.
- Das Videofeedback auszuwerten (was mache ich, was macht der Hund?).

Geduld, Struktur und Feedback

Sei geduldig mit dir selbst und mit deinem Hund. Mir ist es zu Beginn nicht leichtgefallen, mich gänzlich auf Zeichensprache umzustellen.

Deine Körpersprache und Mimik sollten zu den Handzeichen und Situationen passen und somit stimmig sein.

Wenn du mit der rechten Hand ein Zeichen gibst, ist es elementar wichtig, dass die linke Hand nichts macht, damit der Fokus des Hundes auf der rechten Hand liegt. Die linke Hand sollte ihn nicht ablenken, indem sie im Fokus ist oder sich bewegt. Arbeitest du mit der linken Hand, dann nimm die rechte aus dem Fokus des Hundes.

Ich halte die jeweils nicht zeichengebende Hand oft hinter dem Rücken.

Handle strukturiert und geplant. Hunde mögen Struktur. Auch dir hilft es, sich in dieses Thema einzuarbeiten.

Wenn ihr zusammen übt, ganz gleich ob das Fußgehen draußen oder Tricks im Wohnzimmer, filmt euch oder lasst euch filmen. Die Videos geben dir Aufschluss darüber, ob du die Signale richtig gibst, oder ob du etwas optimieren kannst. Du kannst auch das Verhalten und die Körpersprache deines Hundes analysieren.

Mir persönlich haben Videos viel geholfen. Gerade zu Beginn dachte ich oft, dass es an Omari lag, dass er eine Übung nicht richtig ausführte. In den Videos konnte ich sehen, dass ich nicht klar kommuniziert hatte. Manchmal wusste er nicht, auf welche Hand er achten sollte.

Je sicherer, ausgeglichener und berechenbarer du im Umgang mit deinem Hund bist, desto sicherer wird und ist auch dein Hund.

F.A.I.L. = First Action In Learning

Es ist nicht schlimm, Fehler zu machen, aus Fehlern kann man lernen.
Man sollte sie jedoch erkennen.

Tipp: Filme dich

Mittels eine Stativs mit Handyhalterung lässt sich dein Handy unkompliziert positionieren. Du kannst euch so ohne eine Hilfsperson filmen. Dies ist hilfreich, um zu erkennen, ob du die richtigen Handgesten und andere Signale zur Übungsausführung gibst und auch, wie der Hund die Übungen ausführt. Sind beispielsweise Targets für die Vorder- und Hinterbeine im Einsatz, so lässt sich per Video erkennen, ob der Abstand stimmt und der Hund die Pfoten richtig unter den Schultern und Hüften positioniert hat. Hat er Schwierigkeiten, auf den Targets zu stehen, liegt es möglicherweise daran, dass sie zu eng oder zu nah stehen, und nicht daran, dass er Target Training nicht mag.

Motivation

Motivation ist das A und O, damit der Hund etwas lernen kann und möchte. Er sowie Herrchen/Frauchen sollen Spaß daran haben.

Zunächst sollten wir selbst motiviert sein, wenn wir mit unserem Hund trainieren. Hunde sind sehr sensibel und merken schnell, wenn man abgelenkt oder ungeduldig ist. Sie nehmen Stimmungen schnell wahr und reagieren darauf.

Positives Training motiviert den Hund, etwas zu wiederholen.

Beim Arbeiten mit Leckerlis sollte der Hund nicht kurz vorher eine volle Mahlzeit bekommen haben, damit er nicht gesättigt ist. Bei einigen Übungen, wie zum Beispiel einer Rolle, sollten vor allem größere Hunde vorher nicht gefressen haben, damit es zu keiner Magendrehung kommen kann.

Die Auswahl der Leckerlis motiviert den Hund. Je schmackhafter es ist, desto eher wird der Hund ein erwünschtes Verhalten zeigen.

Beginne das Training mit Übungen oder Spielen, die der Hund mag.

Wenn der Hund vor einer Bewegung eine kleine Weile im »Bleib« verharrt, steigert das die Erwartungshaltung.

Wenn der Hund bestimmte Übungen nicht mag, so akzeptiere dies.

Frage dich:
- Was motiviert meinen Hund?
- Welche Übungen und Tricks mag er besonders gerne und welche gar nicht?
- Welches Leckerli mag er aktuell besonders gern? Lass ihn aus drei Sorten auswählen.

Demotivation

Der Hund kann demotiviert sein zu trainieren, weil er, wie schon erwähnt, gerade gefressen hat. Vielleicht ist er gerade aufgewacht und noch nicht in der Stimmung, Tricks, Fitness oder Gehorsamsübungen auszuführen.

Vielleicht war sein Stundenplan in der letzten Zeit zu voll, und er benötigt eine Ruhephase.

Dies alles kenne ich von Omari und auch von meinen anderen Hunden. Ich akzeptiere es. Entweder legen wir dann eine Trainingspause ein oder wir trainieren zu einem anderen Zeitpunkt.

Vermeintliche Demotivation kann aber eine andere, ernstere Ursache haben. In diesem Fall solltest du nicht versuchen, den Hund zu Tricks oder anderem Training zu motivieren. Vielmehr gilt es, die Ursache abzuklären.
Mögliche Ursachen sind:
- Akute Schmerzen
- Chronische Schmerzen

- Mangelnde Kondition
- Übergewicht
- Herzprobleme
- Ein Infekt
- Hormonelle Faktoren (z. B. Läufigkeit, Fehlfunktion der Schilddrüse)

Wenn der Hund ein unangenehmes Erlebnis mit einer Übung hatte, weil er sich dabei zum Beispiel wehgetan hat oder bestraft wurde, ist es nicht selten der Fall, dass der Hund diese Übung meidet.

Übungen, die der Hund überhaupt nicht mag, sollten nicht forciert werden, oder der Lernweg sollte überdacht werden.

Omari apportiert nicht, Bälle interessieren ihn nicht und Schnüffelspiele sind von der Tagesform abhängig mal interessant, meistens aber uninteressant. Für uns gibt es genug andere tolle Tricks und Fitnessübungen. Meine Münsterländerdame liebte Wasser und das Apportieren, am liebsten in Kombination.

Der Hund merkt, wenn wir keine Lust zum Üben haben, gestresst sind oder Druck aufbauen. In diesem Fall sollten wir uns hinterfragen, ob es an uns liegen könnte und es sinnvoll ist, zu üben.

Trainierst du mit dem Hund draußen, auf dem Hundeplatz oder in der Gruppe, kann die Ablenkung zu groß sein.

Training zunächst allein und im Haus durchzuführen, erleichtert es, Übungen zu erlernen und sie ohne Ablenkung zu automatisieren.

Der Hund soll Spaß am Training haben. Er braucht Erfolgserlebnisse. Vermittelst du dies?

Wir wollen keine »Futterautomaten« sein, dennoch sollten wir ausreichend Leckerlis mit Bedacht einsetzen.

Wenn der Hund mehrfach Fehler bei der Ausführung einer Aufgabe macht, sind Leckerlis hin und wieder trotzdem hilfreich, damit er das Training nicht gefrustet beendet. Oft hilft es, kleinschrittiger voranzugehen oder noch einmal einen Schritt zuvor zu üben. Der Hund soll bei jedem Training ein Erfolgserlebnis haben. Das kann bedeuten, dass es nicht dein Ziel erfüllt.

Ein »Nein« hat im Training, vor allem von Tricks, Fitness und Sport, bei Fehlern nichts zu suchen (siehe Kapitel »Nein!«). Der Hund soll Erfolgserlebnisse haben und kein strafendes Wort hören.

Ignoriere Fehler und belohne überschwänglich, wenn es beim nächsten Versuch klappt.

Filmt euch immer wieder als Feedback und beurteilt nicht nur euren Hund, sondern auch euch selber sowie die Ausführung von Kommandos.

Generalisieren und Trainingsgegenstände

Wenn Gegenstände im Tricktraining eingesetzt werden, so ist es hilfreich, wenn beim Einführen eines neuen Gegenstandes mehrere Tricks mit diesem gelernt und gezeigt werden. So kannst du vermeiden, dass dein Hund im Zusammenhang mit diesem Gegenstand nur ein einziges Verhalten automatisiert.

Der Transfer von Verhaltensweisen, die der Hund sicher kann, erleichtert uns das Erklären des gleichen Tricks mit einem neuen Gegenstand.

Möchte ich beispielsweise, dass Omari einen Gegenstand mit der Nase berührt, so lasse ich ihn zunächst meine Handfläche mit der Nase berühren. Dieser »Handtouch« ist bei ihm auf das Signal »flache Handfläche Finger zeigen nach unten« konditioniert. Danach halte ich Omari zum Beispiel ein Kuscheltier vor die Nase, bei dem er dann das gleiche Verhalten zeigt.

Das Generalisieren von Tricks und Verhaltensweisen ist hilfreich. Möchte ich zum Beispiel, dass mein Hund »Paws up« (er steht mit den Vorderpfoten auf einem Gegenstand) nicht nur auf einem bestimmten Gegenstand macht, sondern auf verschiedenen, so biete ich ihm zunächst seinen Lieblingsgegenstand an. In dieser Trainingseinheit biete ich dem Hund mehrere Gegenstände an, auf denen er das gleiche Verhalten zeigen soll. Er lernt nicht nur das Generalisieren dieses Tricks, sondern macht auch die Erfahrung, dass der Trick auf Gegenständen mit unterschiedlichen Höhen und unterschiedlicher Haptik möglich ist. Die Muskulatur wird unterschiedlich trainiert, und er macht über die sensiblen Ballen unterschiedliche sensorische Erfahrungen.

Einige Beispiele für Tricks mit einem oder mehreren Stäben:

- Unter einem waagerechten Stab durch laufen.
- Unter einem waagerechten niedrigen Stab durch krabbeln.
- Über einen waagerechten Stab hüpfen, gehalten oder als Hürde fixiert.
- Über zwei Stäbe in entsprechendem Abstand hüpfen.

- Um einen aufrechten Stab geschickt werden, um ihn herum laufen und zum Trainierenden zurückkommen (diverse Distanzen).
- Im Kreis um einen aufrechten Stab laufen.
- Eine Acht um zwei aufrechte Stäbe laufen.
- Beide Pfoten auf einem waagerechten Stab platzieren, aus dem Sitz oder im Stand, auf den Hinterbeinen.
- Eine Pfote auf einen Stab legen.
- Einen Stab mit der Nase berühren.
- Das Kinn auf einem waagerechten Stab ablegen.
- Rückwärts über einen waagerechten niedrigen Stab gehen.

Targets

Das englische Wort Target bedeutet Ziel und meint genauer Zielorte oder Zielobjekte. Targets dienen als Orientierungshilfen, um Bewegungen oder Verhalten zu steuern.

Verschiedene Targets: 1 Dogstepper, 2 Korkuntersetzer, 3 & 5 zerschnittene Badematte, 4 Silikon-Topflappen 6 Fliegenklatsche als Targetstick, 7 ausziehbarer Targetstick, 8 gebastelter Lookstick

So können wir zum Beispiel unsere Hand als Handtarget für den Handtouch einsetzen, aber auch Targetsticks, einen Lookstick oder unterschiedlich große, eher flache Gegenstände.

Gerade im Training mit tauben Hunden sind Targets wertvolle Trainingshilfen. Wichtig ist, dass der Hund etwas Positives mit dem einzelnen Target verbindet.

Achte auf die Farbauswahl des Targets, da Hunde nicht alle Farben gleich gut sehen können. Am besten können sie gelb, blau, schwarz und weiß sehen. Grün und rot sehen sehr ähnlich aus bzw. heben sich nicht gut voneinander ab.

Aus Sicht von uns Menschen

Aus Sicht eines anderen Hundes.

Targets sind sehr nützlich. Sie helfen uns, unserem Hund viele Tricks schneller und strukturierter beizubringen sowie Distanz aufzubauen. Als Targets können viele Gegenstände dienen: ein kleiner Hocker, ein Podest, eine Kiste, ein Skateboard, ein Backstein und vieles mehr. Wichtig ist, dass das jeweilige Target für den Hund positiv besetzt ist. Dies geschieht, indem wir ihn belohnen, wenn er im Zusammenhang mit dem Target das gewünschte Verhalten zeigt und dadurch selbst viele Erfolgserlebnisse hat. Es sind viele Wiederholungen notwendig, um Targets zu konditionieren.

Je größer ein Target ist, desto einfacher ist die Aufgabe für den Hund zu lösen. Bevor du ein Target gänzlich abbaust, lässt du es niedriger und kleiner werden.

Nutzt du zunächst einen erhöhten Gegenstand (was in der Regel einfacher ist), könntest du ein kleines, farblich abgesetztes flaches Target, zum Beispiel einen Filz-, Moosgummi-, Kork- oder Silikonuntersetzer, zunächst auf dem erhöhten Gegenstand platzieren. So nimmt der Hund dieses Target bewusst oder unterbewusst wahr und du konditionierst ihn darauf. Legst du das kleine Target im nächsten Schritt auf den Boden, so hat er es bereits positiv verknüpft.

Omari liebt zum Beispiel die kleinen rutschfesten Hocker des bekannten schwedischen Möbelhauses (siehe Kapitel »Paws up«). Ich habe Omari darauf so gut konditioniert, dass er sofort schwanzwedelnd »Paws up« macht, wenn ich einen Hocker auf den Boden stelle. Ist er vor einer Trainingseinheit mäßig motiviert, nutze ich die Hocker zum Warm up und zur Motivationssteigerung für weitere Tricks. Dafür stelle ich zwei Hocker in einem Abstand von zwei bis drei Metern auf und schicke ihn von einem zum nächsten. Man kann sehen, wie viel Spaß es ihm macht und wie seine Bereitschaft steigt, Tricks zu machen und mit mir zu arbeiten.

Handtarget und Handtouch

Platziere ein Leckerli zwischen Mittel- und Ringfinger. Zeige deinem Hund die Handfläche und lass ihn versuchen, das Leckerli zu bekommen. Wenn er deine Hand mit der Nase berührt, gibst du ihm mit der anderen Hand ein Leckerli oder zeigst den »Daumen hoch«. Wenn der Hund das verstanden hat, entfernst du das Leckerli zwischen deinen Fingern und belohnst ihn damit, sobald er deine Hand berührt.

Zunächst übst du mit Leckerlis, danach ohne.

Ich lenke den Hund mit dem Handtarget rechts neben mich.

Halte deine Hand in verschiedenen Positionen, mal rechts, mal links oder weiter oben oder unten.

Das Zeichen ist die geöffnete flache Hand, die Finger berühren sich, die Handfläche zeigt zum Hund, die Finger zeigen nach unten. Die Richtung, in die die Fingerspitzen zeigen, ist wichtig, damit das Handzeichen nicht mit dem Signal für »Bleib« verwechselt werden kann.

Mit dem Handtarget kann man Hunde lenken. Wenn sie gelernt haben, der Hand zu folgen, können Tricks wie eine »Acht um die Beine« oder »Slalom« auch ohne Futter beigebracht werden.

Läuft mein Hund auf mich zu, so kann ich ihm zeigen, ob ich möchte, dass er sich rechts oder links von mir positioniert oder zwischen meinen Beinen stehen bleiben oder durch diese hindurch laufen soll.

Bodentarget

Mithilfe von Bodentargets kann ein Hund zu einem bestimmten Ort geschickt und eine Distanz aufgebaut werden. Sie können auch genutzt werden, damit der Hund an einem bestimmten Platz bleibt.

Zunächst ist es wichtig, dass das Bodentarget sich für den Hund farblich vom Untergrund abhebt, damit es gut erkennbar ist (siehe Kapitel »Targets«).

Auf dem Rasen heben sich wie gesagt zum Beispiel gelbe, weiße oder blaue Targets gut ab.

Als Bodentargets eignen sich neben speziellen Hundetargets, die sich käuflich erwerben lassen, flache runde oder eckige Silikon-Topflappen, Korkplatten, Badematten und vieles mehr. Da auf dem Target in der Anfangsphase Futter platziert wird, sollte es gut zu reinigen sein. Targets sollten nicht glatt sein, damit der Hund nicht wegrutschen kann. Sie können flach oder einige Zentimeter dick sein.

Schritt 1

Zunächst führst du den Hund zum Target. Du legst das Futter auf das Target, sodass es für ihn attraktiv ist, zum Target zu laufen. Das Futter darf er fressen. Führe den Hund wieder etwas vom Target weg und wiederhole diesen Schritt, gern aus verschiedenen Positionen.

Schritt 2

Im nächsten Schritt legst du Futter auf das Target, wenn der Hund das Target mit mindestens einer Pfote berührt hat. So lernt er, dass er nicht nur zum Target laufen, sondern es auch berühren soll. Lege das Futter immer direkt auf das Target, damit er die Berührung mit dem Target verbindet und visuell wahrnimmt, wo er sich befindet.

Schritt 3

Wenn der Hund dies verstanden hat, schickst du ihn aus verschiedenen Positionen zum Target. Die Distanz kann größer werden. Nutze eine eindeutige Körpersprache: Arm und Bein der gleichen Seite zeigen Richtung Target. Zunächst befindet sich wieder Futter auf dem Target, damit der Hund unmittelbar belohnt wird. Mit größeren und dickeren Targets fällt das Lernen zu Beginn leichter.

Schritt 4

Wenn dein Hund sicher verstanden hat, dass er auf deine Körpersprache hin zum Bodentarget laufen soll, kannst du das Futter und die Belohnung auf dem Target weglassen und ihm direkt ein Leckerli geben oder ihn mit dem »Daumen hoch« belohnen.

Mögliche Geste für das Target

»Gut gemacht«

Tipp:
Du kannst die Motivation des Hundes steigern, indem du ihn etwas warten und ihn erst dann zum Target laufen lässt, auf dem sich das Futter befindet.

Warten auf einem Target

Wenn du mit deinem Hund bestimmte Übungen machen möchtest, zum Beispiel einen Sprint oder ihn über eine Hürde schicken, so kannst du ihn auf ein Target stellen oder setzen. Da der Hund weiß, dass es gleich losgeht, steigert dies seine Motivation. Zudem bleibt er ortsständig und konzentriert sich, bis du ihm ein Kommando für die folgende Aufgabe gibst.

Über eine Hürde schicken

Wenn du deinen Hund zum Beispiel über eine Hürde springen lassen möchtest und er sich nach dem Sprung nicht sofort zu dir umdrehen soll, platziere ein Bodentarget in entsprechender Entfernung hinter der Hürde, zunächst mit Futter darauf, später ohne. Auf diese Weise kannst du deinen Hund sowohl über die Hürde schicken als auch zu dir holen (siehe Kapitel »Den Hund schicken«).

Tricks auf Distanz

Voraussetzung: Der Hund kann bereits »Bleib«. Du kannst dich einen oder sogar mehrere Meter entfernen. Er kann die Tricks, die du nun auf Distanz trainieren möchtest, verlässlich auf Handzeichen zeigen.

Platziere deinen Hund auf einem Target, welches so groß ist, dass er darauf bequem »Sitz« und »Platz« machen kann. Du kannst hierfür ein Podest nutzen, eine Matte oder eine Decke, die nicht wegrutscht. Auch das Sofa wäre eine Möglichkeit.

Beginne mit Tricks, die dein Hund sehr gut kann und gerne macht. »Sitz« und »Platz« können auf Distanz wichtige Tricks im Rahmen der Erziehung sein.

Schritt 1

Möchtest du einen Trick auf Distanz trainieren, so stehst oder sitzt du zunächst nah an deinem Hund. Belohne den Trick jedes Mal, wenn er ihn richtig ausgeführt hat, mit dem »Daumen hoch«. Ich ergänze bei jedem Aufbau eines neuen Tricks zunächst jedes Mal Futter.

Schritt 2

Du gibst dem Hund das Handzeichen »Bleib«, denn der Hund soll auf dem Target bleiben. Du gehst einen kleinen Schritt rückwärts und lässt den Hund den gewünschten Trick auf Handzeichen ausführen. Hat dies funktioniert, so zeigst du umgehend den »Daumen hoch«. Ich gehe zurück zum Hund und gebe ihm ein Leckerli.

Schritt 3

Die Distanz wird größer. Du entfernst dich vom Hund immer ein Stück weiter, wenn er den Trick auf die vorherige Distanz ausgeführt hat. Konnte er dies nicht, verringerst du die Distanz wieder, bis der Trick mindestens drei Mal hintereinander sicher klappt.

Schritt 4

Reduziere langsam die Gabe von Leckerlis bei der Distanz, die er verlässlich ausführt. Trainiere nun ohne Target.

Im Kreis laufen

Voraussetzung: Der Hund ist mit Bodentargets vertraut

Gehe, wie bei jedem neuen Trick, kleinschrittig vor, damit dein Hund Spaß an der Übung sowie Erfolgserlebnisse hat.

Als Belohnung kannst du Futter, ein Spielzeug oder Zuwendung einsetzen. Jedes Mal zeigst du jedoch den »Daumen hoch«, wenn er die Aufgabe erfüllt hat. Spielt dein Hund gerne, kannst du ihm nach ein paar Übungen auch sein Spielzeug geben oder seinen Ball werfen, bevor ihr weiter übt.

Zunächst stellst du Pylonen in einem kleinen Kreis auf. Alternativ nimmst du blaue oder gelbe Stangen, die du draußen in den Boden stecken kannst.

Hinter jeder Pylone oder Stange positionierst du ein Bodentarget. Die Targets wählst du so groß, dass der Hund mit beiden Pfoten auf dem Target stehen kann. Die Targets können flach, aber auch einige Zentimeter dick sein. Idealerweise sehen die Targets gleich aus. Farblich sollten sie sich für den Hund vom Untergrund deutlich abheben.

Bei einem kleinen Kreis stellst du vier Pylonen jeweils auf 0 °, 90 °, 180 ° und 270 ° auf. Du befindest dich im Kreis, der Hund steht außerhalb des Kreises im »Paws up« auf einem der Targets.

Schritt 1

Du führst den Hund von dem Target, auf dem er steht, zu dem jeweils nächsten Target, wo er Futter erhält. Du befindest dich dabei im Kreis, aber am Außenrand nahe den Pylonen.

Schritt 2

Nun schickst du den Hund von einem Target zum nächsten. Du bewegst deinen ausgestreckten Arm von seiner Position bis zum nächsten Target. Dort belohnst du ihn, wenn er im »Paws up« auf dem Target steht.

Schritt 3

Habt ihr mehrere Kreise in beide Richtungen gemeistert, so kannst du die Targets hinter den Pylonen auf 90 ° und 270 ° entfernen und schickst den Hund wieder auf das nächste Target, wo du ihn belohnst (von 0 ° auf 180 ° und von dort auf 360 ° bzw. 0 °).

Schritt 4

Du entfernst das Target auf 180 ° und schickst den Hund einmal um den Kreis. Du drehst dich dabei mit und zeigst die Richtung mit deinem ausgestreckten Arm an.

Im Laufe der Zeit weiß der Hund, wenn du die Armbewegung beginnst, ohne dich mitzudrehen, dass er um den Kreis laufen soll.

Schritt 5

Vergrößerung der Distanz

Du vergrößerst den Kreis und beginnst wieder mit Schritt 2. So kannst du langsam die Distanz vergrößern. Hat der Hund das System verstanden, so benötigt ihr bei jeder Vergrößerung nur noch Schritt 4.

Schritt 6

Du kannst nun alle Targets weglassen.

Schritt 7

Du führst alle Schritte nacheinander ohne Pylonen durch. Gib deinem Hund Zeit! Das Ziel ist, dass der Hund einen Kreis mit Distanz ohne Hilfsmittel um dich läuft und den Abstand beibehält.

Pfotenkreuzen (Criss Cross)

Bei diesem Trick handelt es sich um einen Trick für Fortgeschrittene! Voraussetzung: Der Hund kann verlässlich im Liegen die Pfote geben.

Du benötigst ein kleines Target. Ich nutze für diesen Trick ein Stück quadratisch zugeschnittenes Moosgummi etwa in der Größe der Pfote oder einen Filzuntersetzer.

Möchtest du mit beiden Pfoten üben, nutze für beide Pfoten Targets in unterschiedlichen Farben, die der Hund gut unterscheiden kann. Markiere dir die beiden Targets mit rechts und links, damit du sie nicht verwechselst und den Hund irritierst.

Trainiere zunächst nur eine Pfote, bis das Pfotenkreuzen verlässlich abgerufen werden kann. Erst dann trainierst du die zweite Pfote.

Gehe Schritt für Schritt vor. Ein Schritt sollte mehrmals hintereinander richtig ausgeführt werden können. Schafft dein Hund drei Wiederholungen, die noch nicht perfekt sein müssen, geht ihr zum nächsten Schritt über. Kann dieser Schritt noch nicht umgesetzt werden, wiederholst du den vorausgegangenen Schritt.

Schritt 1

Du lässt dir eine Pfote geben. Dafür hältst du dem Hund deine geöffnete Handfläche vor die Pfote, die er kreuzen soll. Wichtig ist, dass du dir immer die gleiche Pfote in deine gleiche Hand geben lässt, also zum Beispiel seine rechte Pfote in deine linke Hand.

Du belohnst umgehend mit dem »Daumen hoch« und hin und wieder mit Futter.

Die folgenden Schritte sind neu, deshalb würde ich zunächst immer mit dem »Daumen hoch« und Futter belohnen, sobald er das Target mit der sich zu bewegenden Pfote berührt bzw. sie auf das Target legt.

Schritt 2

Du legst das Target in deine Handfläche und lässt dir die Pfote geben.

Schritt 3

Deine Hand bewegt sich mit dem Target in kleinen Schritten näher zur anderen Pfote, sodass er die Pfote immer weiter in Richtung der anderen Pfote bewegt. Ihr nähert euch der anderen Pfote, bis sich Hand und Target über der liegenden Pfote befinden.

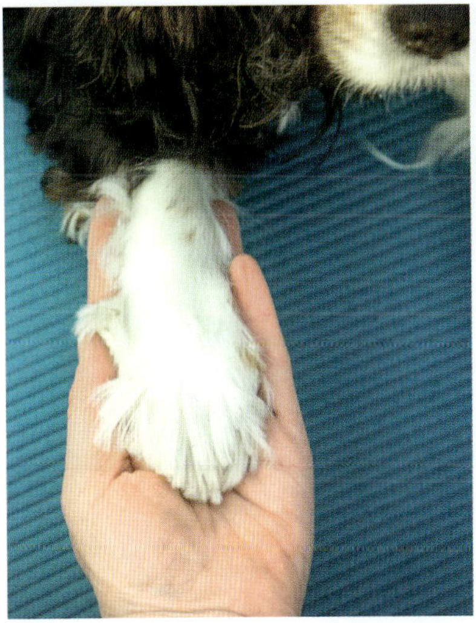
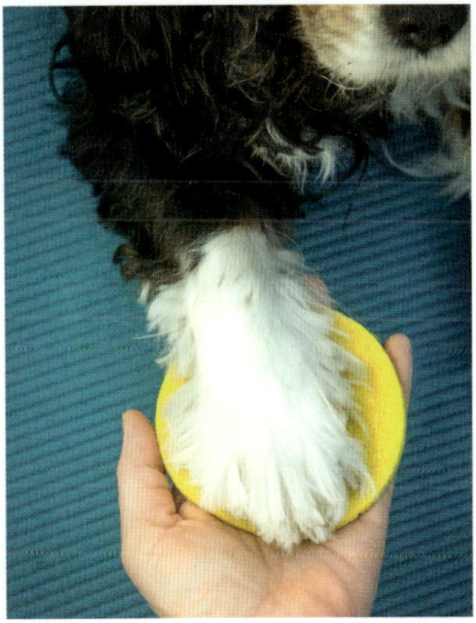

Schritt 1 und Schritt 2

Schritt 4

Du hältst dem Hund nur das Target hin, sodass er die Pfote auf dem Target platziert. Du legst das Target auf die andere Pfote, sodass er die Pfoten kreuzt und ablegt. Bei langbeinigen Hunden oder Hunden deren Brust nicht zu breit ist, kannst du das Target zum Kreuzen auch neben die Pfote legen.

Schritt 5

Der Hund akzeptiert, dass das Target auf die ortsständige Pfote gelegt wird. Legt der Hund seine Pfote, die kreuzen soll, auf das Target, würde man bei einem hörenden Hund für diese Bewegung nun das Wortkommando »Criss« (für die andere später das Wort »Cross«) ergänzen. Bei einem tauben Hund ergänzen wir das Handzeichen, die sich überkreuzenden Zeige- und Mittelfinger.

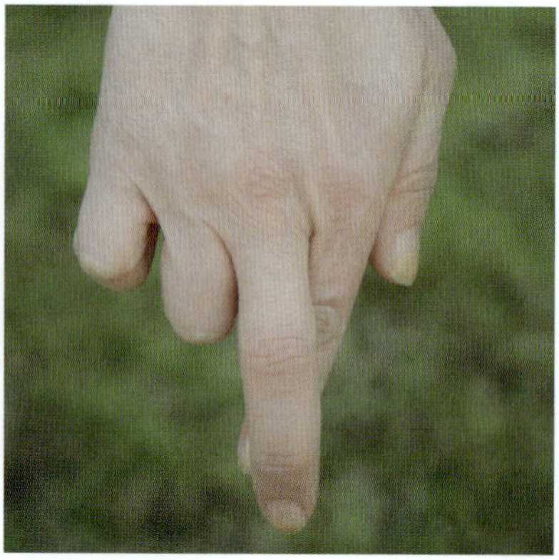

Schritt 6

Du lässt das Target weg. Der Hund kreuzt auf das Handzeichen hin die Pfote.

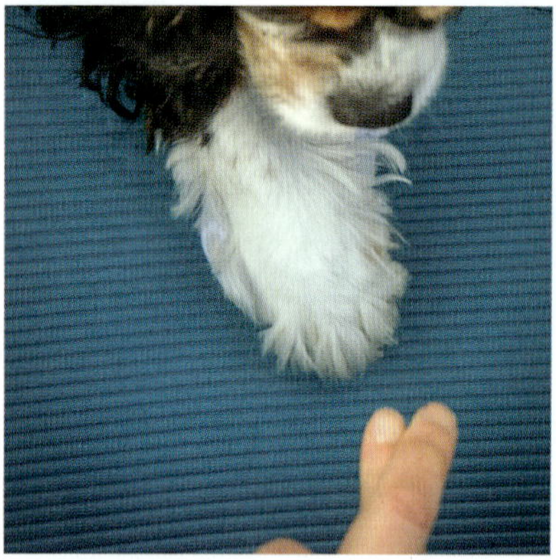

Erst wenn dein Hund verlässlich das Pfotenkreuzen auf das Handzeichen zeigt, beginnst du mit der anderen Pfote und dem andersfarbigen Target. Das alternative Handzeichen könnte sein, dass du in beiden Fällen die Finger kreuzt, für die eine Pfote sieht dein Hund den Handrücken, für die andere die Handfläche.

Wenn der Hund beide Pfoten verlässlich kreuzen kann, übst du mit beiden im Wechsel auf Handzeichen.

Ich habe mich bei meinem Handzeichen dagegen entschieden, beide Hände aufeinanderzulegen, da ich dann den »Daumen hoch« nicht nutzen kann.

Targetstick

Der Targetstick hat eine ähnliche Funktion wie das Handtarget oder der Handtouch. Ziel ist es, dass der Hund dem Targetstick folgt und du ihn lenken kannst. Es gibt ausziehbare Targetsticks, die für dich, wenn du einen kleinen Hund hast, rückenfreundlich sind, da du dich nicht bücken musst.

Targetsticks kannst du selber basteln. Für unseren temporären Werkstatthund habe ich einen spitzen Bleistift in einen weichen Ball gesteckt und befestigt.

Eine größere Fläche bietet eine Fliegenklatsche.

Zunächst belohnst du den Hund für jegliches Interesse am Targetstick. Sobald er den Stick mit der Nase berührt hat, belohnst du ihn nur noch bei Berührung.

Im nächsten Schritt bewegst du den Targetstick ein wenig von der Hundenase weg und belohnst den Hund wieder, wenn er den Stick berührt. So lernt der Hund, dem Targetstick zu folgen. Mit der Zeit kann die Bewegung, der der Hund folgen soll, größer werden.

Kann dein Hund bereits den Handtouch, kannst du ihn zunächst deine Hand berühren lassen. Kann dein Hund Transfer leisten, so berührt er danach den Targetstick, dem du ihm in der gleichen Position vor die Nase haltst.

Looktarget

An einem Stab kannst du eine kleine Gabel, einen kleinen Löffel oder einen Greifer anbringen. Auf die Gabel spießt du ein Leckerli. Wenn dein Hund bereits »Bleib« kann, bewegst du den Stab in die Richtung, in die dein Hund zum Beispiel für ein Foto schauen soll.

Der Hund sollte das Futter nicht von der Gabel nehmen, damit er sich nicht verletzen kann. Du belohnst mit einem anderen Leckerli aus der Hand.

Gassi gehen

Wenn wir Gassi gehen wollen, bewege ich Zeige- und Mittelfinger mehrfach aneinander vorbei.

Um diese Geste mit dem Rausgehen zu verknüpfen, machst du sie zunächst über einen längeren Zeitraum jedes Mal, bevor ihr die Wohnung oder das Haus verlasst.

Hat der Hund dies sicher verstanden, kannst du ihm die Geste zeigen, wenn er zum Beispiel in seinem Körbchen liegt und du ihn zum Gassi gehen auffordern möchtest.

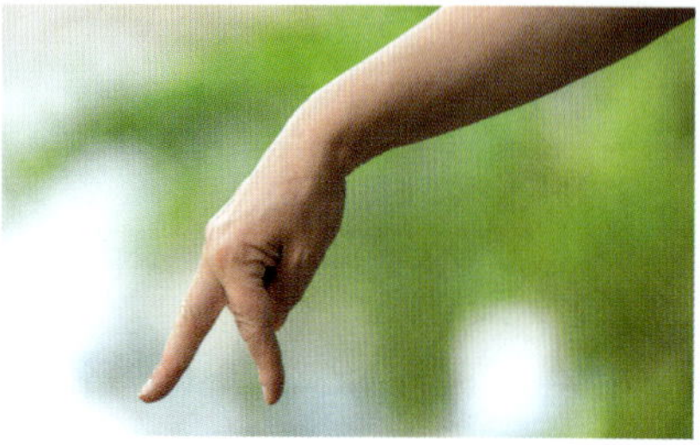

Rückruftraining und Aufmerksamkeit

Als Omari taub wurde, fanden wir keinen Trainier. Niemand traute es sich zu, einen taub gewordenen Hund zu trainieren. Also begannen wir, mit ihm wie in Welpentagen zu üben.

Ich nehme normalerweise kein Futter mit auf Spaziergänge, Omari gehorcht bis heute ohne. Für das Aufmerksamkeits- und Rückruftraining nahm ich wieder Futter mit.

Bei jedem Blick zu mir belohnte ich ihn. In der Folge steigerten wir die Distanz. Wenn er mich anschaute, gab ich ihm das Handzeichen für »Komm«, durch die Leckerlis war er motiviert, zu mir zu kommen. So konditionierten wir ihn sehr schnell darauf.

Damit uns unsere Hunde nicht langweilig finden und »ihr Ding machen«, ist Aufmerksamkeit bei Spaziergängen wichtig. Wie oft sind wir durch Gedankengänge, das Handy oder Gespräche mit den Personen abgelenkt, die mit uns spazieren gehen. Nehmt euch immer wieder die Zeit für aufmerksame Spaziergänge:

Immer, wenn euer Hund euch anschaut, gebt ihm eine positive Rückmeldung. Mein Hund weiß, dass Lächeln etwas Positives ist. Ihr könnt euren Hund auch hin und wieder zu euch rufen und ihn streicheln. Je aufmerksamer ihr seid und je mehr positive Rückmeldung euer Hund erhält, desto aufmerksamer wird er sein.

Auf Spaziergängen, vor allem im Wald, binden wir oft kleine Tricks oder Parkour Elemente ein: Omari läuft um einen Baum. Er soll warten, ich gehe vor und wenn ich ihn zu mir »rufe«, macht er einen Sprint. Er läuft im Slalom durch meine Beine, macht auf verschiedenen, quer liegenden Baumstämmen »Paws up« oder er balanciert über die Baumstämme.

Es gibt unzählige Möglichkeiten, mit denen ihr Spaziergänge spannend gestalten könnt und eure Bindung stärken könnt.

Leine und Halsband

Meine Hunde haben bereits als Welpen gelernt, dass es sich lohnt, wenn ich ihnen das Halsband bzw. das Geschirr anziehe, weil wir dann einen Spaziergang oder einen spannenden Ausflug machen. Bei meinen Welpen hatte ich das Anlegen des Halsbandes mit dem Begriff »Anziehen« und das Ablegen mit dem Begriff »Ausziehen« belegt. Anfangs belohnte ich mit einem Leckerli.

Als Omari taub wurde, hatten wir den Vorteil, dass er schon wusste, dass das Geschirr einen Spaziergang bedeutet.

Als er taub wurde, haben wir ihm das Geschirr anfangs demonstrativ gezeigt und ihn belohnt, wenn er zu uns kam und zusätzlich, nachdem wir es ihm angezogen hatten.

Wenn Omari die Leine sieht, bleibt er stehen oder kommt zu mir. Er lässt sich anleinen.

Dies ist sowohl im Freilauf als auch bei Turnieren hilfreich, wenn dem Hund sein Halsband oder Geschirr wieder angelegt werden soll.

Für Situationen im Park, auf dem Feld oder im Wald haben wir Omari zusätzlich auf die Leine konditioniert. Ich hielt die Leine hoch, gab das Zeichen für Rückruf und belohnte ihn nach dem Anleinen.

Schnell brauchte ich nur noch die Leine hochzuhalten, und er blieb stehen oder kam zu mir, sodass ich ihn anleinen konnte. Dies ist nur auf relativ geringe Distanzen möglich, denn der Hund muss die Leine als solche erkennen können.

Im Stadtgebiet lasse ich Omari nicht ohne Leine laufen.

Das Vibrationshalsband

Neben Halsbändern mit Vibration, die sehr hohe Töne abgeben können, gibt es Sprühhalsbänder mit Wasserspritze zum Beispiel mit Citronella-Spray und Halsbänder die leichte Stromimpulse abgeben. Strom einzusetzen ist nicht erlaubt! In der Regel werden alle diese Varianten genutzt, um Hunden unerwünschtes Verhalten abzutrainieren, indem sie auf diese Weise bestraft werden.

Vibrationshalsbänder können für den Rückruf hilfreich sein. Sie dürfen dabei ausschließlich positiv besetzt werden, denn der Hund kann die Vibration als unangenehm empfinden. Er soll nicht bestraft, sondern in seinem Verhalten positiv bestärkt und durch die Vibration nur auf den Menschen aufmerksam werden, mit dem er unterwegs ist.

Die Anwendung des Vibrationshalsbandes muss Schritt für Schritt und geduldig aufgebaut werden. Funktioniert ein Schritt nicht, wiederhole den vorausgegangenen Schritt und festige diesen.

Hunde lernen unterschiedlich schnell. Mit dem einen Hund ist es möglich, zwei Schritte an einem Tag zu trainieren, mit einem anderen Hund benötigst du für jeden einzelnen Schritt mehrere Tage.

Um das Halsband interessant zu machen und positiv zu besetzen, verwende die Lieblingsleckerlis deines Hundes.

Schritt 0

Sollte deinem Hund das Vibrationshalsband unheimlich sein, oder er hat Angst davor, beginnst du damit, mit ihm seine Lieblingsübungen zu machen. Das Halsband liegt neben euch, zunächst in einem großen Abstand, der sich im Laufe der Zeit und im Zuge der Trainingseinheiten verringern kann. Nimmt der Hund das Halsband nicht mehr als etwas Unheimliches war, beginnst du mit Schritt 1.

Schritt 1

Zunächst zeigst du dem Hund das Vibrationshalsband. Jegliches Interesse, wie der Blick zum Halsband oder das Schnüffeln daran, wird belohnt.

Schritt 2

Das Berühren des Halsbandes wird belohnt. Du kannst vorsichtig seine Pfote mit dem Halsband beruhren und ihn umgehend belohnen. Alternativ folgt der Hund dem Kommando, das Halsband mit der Pfote oder der Nase zu berühren. Für diesen Schritt ist wichtig, dass der Hund vor dem Halsband keine Angst mehr hat.

Schritt 3

Der Hund berührt das Halsband, während es auf der niedrigsten Stufe vibriert. Er wird wieder umgehend belohnt.

Tipp:
Teste, wie sich die Vibrationsstufen an deinem Hals anfühlen, bevor du es deinem Hund anlegst.

Schritt 4

Der Hund trägt nun das Vibrationshalsband. Es muss nicht besonders eng sein.

Beginne mit der niedrigsten Vibrationsstufe. Sobald du die Vibration über die Fernbedienung ausgelöst hast, belohnst du den Hund mit einem besonders schmackhaften Leckerli, damit er die Vibration mit etwas Positivem verknüpft.

Schritt 5

Jetzt verbindet ihr die Vibration mit der Bewegung, zu dir zu kommen.

Setze deinen Hund zum Beispiel auf ein Target, dort soll er »Bleib« machen. Seine Erwartungshaltung steigt. In dem Moment, in dem du die Vibration auslöst, gibst du ihm euer Zeichen für »Komm«. Bei dir angekommen erhält er umgehend ein Leckerli.

Schritt 6

In diesem Schritt kannst du überprüfen, ob dein Hund verstanden hat, dass er, wenn das Halsband vibriert, zu dir kommen soll.

Wirf ein Leckerli von dir weg. Wenn er es aufgenommen hat, löst du die Vibration aus. Wenn er verstanden hat, dass er zu dir kommen soll, wenn das Halsband vibriert, sollte er direkt zu dir kommen. Er erhält ein Leckerli.

Schritt 7

Du platzierst deinen Hund im »Sitz« oder »Platz« und stellst dich einige Schritte von ihm entfernt hin. Du schaust den Hund nicht an, damit er aus dem Blickkontakt keine Schlüsse ziehen kann, ob er kommen soll oder nicht. Wenn du die Vibration auslöst und er zu dir kommt, erhält er seine Belohnung. Stell dich mal seitlich, mal vor ihm und mal mit dem Rücken zu ihm auf.

Schritt 8

Nun trainiert ihr draußen, zunächst in einem ruhigen Gebiet oder im Garten ohne Ablenkung. Beginnt wieder mit Schritt 5.

Typische Herausforderungen mit einem tauben Hund

Handzeichen

Mit unseren Handzeichen müssen wir kreativ und eindeutig sein. Sind sie zu ähnlich, können sowohl wir selbst als auch unsere Hunde sie verwechseln. Es bedarf für beide Seiten Übung und Geduld, die sich auszahlt.

Manchmal ist es notwendig, ein bereits eingeführtes Handzeichen anzupassen. Als ich Omari beibringen wollte, dass er auf Handzeichen bellen sollte, habe ich zunächst meine geschlossenen Finger zum Daumen bewegt, sodass meine Hand wie ein Maul aussah, dass sich öffnete und schloss. Omari war verwirrt und begann nach meiner Hand zu schnappen. Er berührte sie dabei nicht. Man sah ihm sehr deutlich an, dass er sich unwohl fühlte.

Meine Lösung war ein ähnliches Handzeichen, das er sofort akzeptierte und umsetzte: Ich führe nun alle fünf Fingerbeeren zusammen, danach spreize und strecke ich alle Finger explosiv.

Um ihm das Bellen auf Kommando beizubringen, öffnete ich bei jedem »Wuff« explosiv meine Hand und zeigte unmittelbar meinen Daumen nach oben und nutze meine erfreute Mimik. Natürlich kann auch ein Leckerli gegeben werden.

Das sich öffnende und sich schließende Handzeichen, dass aussieht wie ein Maul, eignete sich dafür, um Omari anzuzeigen, dass er etwas ins Maul nehmen soll. Hierzu mache ich die Handgeste und nehme zum Beispiel einen Stock in meine Hand. Danach halte ich ihm den Stock hin und mache die Geste.

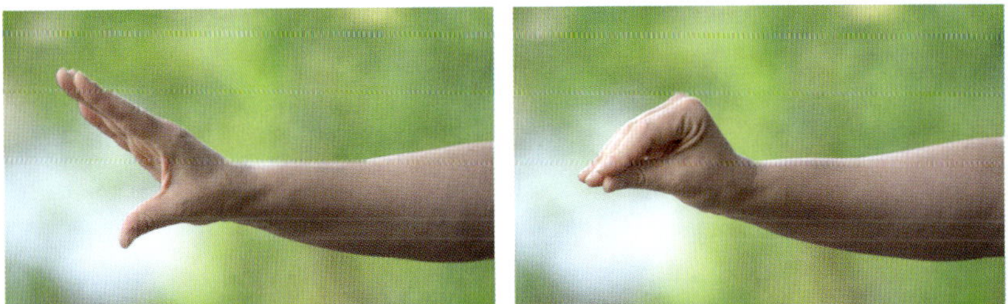

Gesten: Hand öffnen und schließen als Kommando, damit der Hund etwas ins Maul nimmt bzw. wieder loslässt

Ein alternativer Lernweg ist, das Handzeichen zu machen, wenn dein Hund gerade dabei ist, etwas ins Maul zu nehmen.

Möchte ich, dass mein Hund den Stock auf den Boden fallen lässt, so richte ich meine Geste nach unten aus. Sie sieht hier etwas anders aus und ähnelt dem Handzeichen für »Bellen«, weshalb die Hand nicht explosiv geöffnet werden darf. Bei dieser Geste lässt Omari etwas auf den Boden fallen, mit der waagerecht ausgerichteten Hand gibt er es mir ab.

Wie wecke ich meinen schlafenden Hund?

Wenn ein tauber Hund schläft, stört Lärm ihn nicht. Hörende Hunde kann man ansprechen, damit sie aufwachen, taube Hunde nicht.

Es ist nicht immer einfach, einen Hund zu wecken oder ihn auf sich aufmerksam zu machen, ohne ihn zu erschrecken.

Befindet sich Omari in einer Tiefschlafphase und ich muss ihn aufwecken, weil er zum Beispiel quer vor der Wohnungstür liegt und es geklingelt hat, so lege ich ihm vorsichtig und flächig meine Hand auf.

Wenn er sich in einer leichten Schlafphase befindet, würde er sich erschrecken. Wenn der Platz es ermöglicht, nähere ich mich ihm langsam bis auf wenige Millimeter, sodass er meine Nähe spüren kann. Ist dies nicht vorsichtig, bewege ich zum Beispiel sanft die Decke unter ihm oder puste ihn sanft an.

So verhalte ich mich auch, wenn ich hinter ihm stehe und er mich noch nicht registriert hat.

In einer Tiefschlafphase liegt der Hund in der Regel auf der Seite. Manchmal kann man Augenbewegungen wahrnehmen. Wenn der Hund träumt, gibt er manchmal Laute von sich, bewegt die Pfoten oder wedelt sogar mit dem Schwanz.

Nach Möglichkeit solltet ihr euren Hund nicht wecken.

Kommunikation mit anderen Hundehaltern

»Mein Hund hört nichts.« Wenn ich das zu Anfang sagte, bekam ich oft zur Antwort: »Meiner hört auch nicht.« Mein Hund hört zwar nicht, er gehorcht aber sehr gut! Um Diskussionen aus dem Weg zu gehen, ist die Information ***»Mein Hund ist taub«*** kurz, klar und eindeutig.

Viele Hundehalter sind der Ansicht, dass Hunde »alles unter sich regeln müssen«. Diese Ansicht teile ich nicht. Verhält sich mein Hund aus Sicht eines anderen Hundes aufdringlich oder unterschreitet dessen individuellen Sicherheitsabstand, sodass dieser ein Knurren als Warnsignal abgibt, nehme ich meinen Hund umgehend aus der Situation. Knurren ist ein eindeutiges Warnsignal! Ein tauber Hund hat keine Möglichkeit, darauf zu reagieren, vor allem wenn er gerade am After des anderen Hundes schnüffelt. Es ist an mir, die Situation aufzulösen, bevor sie unschön werden könnte.

Wenn wir anderen Hunden begegnen, so achte ich sehr genau zunächst auf die Körpersprache des anderen Hundes, danach auf die meines eigenen, um die Situation möglichst schnell einzuschätzen und bei Bedarf zu handeln. Sind beide Hunde freilaufend, der andere Hund hat aber eine aggressive Körperhaltung, bitte ich den anderen Hundehalter seinen Hund anzuleinen, selbstverständlich leine ich dann auch meinen Hund an. In anderen Fällen gehen wir zur Seite.

Leinenkontakt mit anderen Hunden vermeide ich, es sei denn, wir kennen den anderen Hund wirklich gut, und ich weiß, dass die beiden sich bestens verstehen. Selbstverständlich achte ich darauf, dass die Leinen sich nicht verwickeln.

Ich lasse mich auf keine Diskussionen mit anderen Hundehaltern ein. Ist mein Hund angeleint, bitte ich sie darum, ihren Hund ebenfalls anzuleinen. Manche Hunde sind aggressiv, manche laufen weg, wieder andere sind läufig oder krank. Ich bestehe in der Regel darauf, auch wenn der Halter beteuert »der tut nix«. Kommt ein angeleinter Hund auf uns zu, so leine ich meinen umgehend an.

Gründe für die Leine sind vielfältig und zu respektieren, nicht zu diskutieren.

Trainingsmöglichkeiten mit einem tauben Hund

Grundsätzlich kannst du mit deinem tauben Hund alles trainieren und jede Sportart ausüben, die auch jeder hörende Hund ausüben kann. Die einzige Ausnahme stellt das Arbeiten ohne Sichtkontrolle dar. Kann der Hund dich nicht sehen, kann er nicht auf deine Kommandos reagieren.

Ich finde es wichtig, herauszufinden, was ein Hund gerne macht. Was hat er für Vorlieben? Meine kleine Münsterländerdame Leika war eine begeisterte Schwimmerin, sie liebte das Apportieren, Schnüffelspiele, Kuscheltiere und Quietschies. Wenn wir in Hundefachgeschäften waren, so suchte sie sich stets ein neues Quietschie aus, dessen Ton wir noch nicht hatten. Mein Cavalier King Charles Spaniel Omari mag nichts davon. Bälle interessieren ihn nicht, er nimmt fast ausschließlich Stöckchen ins Maul und trägt sie spazieren, Wasser ist zum Trinken da, Kuscheltiere lässt er links liegen und Schnüffelspiele macht er nur, wenn er dazu wirklich Lust hat. Er liebt alles, was mit Sport und Fitness zu tun hat und Tricks, die ihm Spaß machen. Dann ist er sehr geduldig, bis er es gelernt hat. Zum Glück mag er sehr viele Tricks.

Schon oft hat er mich mit seiner Beharrlichkeit geduldig sein lassen. Zu Beginn der Taubheit brauchten wir für manche Tricks sehr lange. Es hat zwei Monate täglichen Trainings erfordert, bis er den »Armslalom« gelernt hat. Aber er war so begeistert, dass ich nicht aufgegeben habe und wir es gemeinsam geschafft haben.

Propriozeption

Im Innenohr befindet sich das Gleichgewichtsorgan (Vestibularapparat). Es dient zusammen mit den Augen sowie der Oberflächen- und Tiefensensibilität der Erhaltung des Gleichgewichtes. Es ist nicht bei jeder Ohrproblematik eingeschränkt.

Damit dein Hund sensibler für die Umwelt wird und sein Gleichgewicht und seine Koordination bestmöglich funktionieren, möchte ich dich dazu anregen, dies explizit mit ihm zu trainieren.

Wenn der Hörsinn beeinträchtigt ist oder ganz ausfällt, sollten alle weiteren Sinne trainiert und somit geschärft werden.

Omari liebt es, sensorische Erfahrungen zu machen. Er steht gern auf wackeligen Untergründen wie auf einem gesicherten Peanut Ball, Balance Pad, Ballkissen, einer Matten oder einem Kreisel. Er balanciert gerne und mag koordinative Übungen.

Als ich ihn das erste Mal auf meiner arabischen Trommel habe spielen lassen, hörte er gar nicht mehr auf, obwohl ich aus dem Nebenraum Leckerlinachschub holte. Ich vermute, dass er es mochte, die Vibration des Trommelfells beim Schlag mit der Pfote darauf zu spüren. Vielleicht konnte er auch dumpf den Trommelschlag hören und die Vibration über die Knochenweiterleitung fühlen.

In unserem Körper – und auch im Körper des Hundes – gibt es unzählige Rezeptoren, die sogenannten Propriozeptoren oder Messfühler. In den Gelenkkapseln, Sehnen, Faszien und Muskeln befindet sich eine große Anzahl an Propriozeptoren. Propriozeptoren sind Messfühler. Sie nehmen ununterbrochen Informationen aus dem Inneren des Körpers sowie aus der Umwelt auf. Diese Sinneseindrücke melden sie an Gehirn und Rückenmark. Das ZNS (zentrales Nervensystem) wiederum gibt »Befehle« zurück an den Bewegungsapparat. Diese Vorgänge laufen unbewusst und unbemerkt ab.

Bei diesen Sinneseindrücken handelt es sich z. B. um Gelenkstellungen, die Faszien- oder Muskelspannung, den Dehnungszustand eines Muskels oder des Gewebes.

Den Vorgang Signale aufzunehmen und weiterzuleiten nennt man Propriozeption.

Mit Balanceübungen trainiert man die Propriozeptoren besonders gut. Auch sensible Informationen wie durch die Noppen auf den Halbigeln (Paw pads) oder Balance Pads (weiche aufgeschäumte Kissen für den Physio- und Fitnessbereich) sowie Druck und Entlastung regen die Balance an.

Mit zunehmendem Alter wird das Gleichgewicht auch bei uns Menschen schlechter. Es lässt sich aber durch motorische Erfahrung, Muskeltraining sowie durch normale Beweglichkeit und Stärkung der Muskelkraft verbessern.

Das zentrale Nervensystem (Gehrin und Rückenmark) erhält über die Propriozeptoren ununterbrochen sensible Informationen über die Position des Körpers sowie der Gelenke. Dadurch wird allen Lebewesen ihr Körperstellung und aktuelle Position im Raum bewusst.

Fällt das visuelle System aus, zum Beispiel durch Schließen der Augen oder im Dunkeln, so ist es schwieriger, das Gleichgewicht zu wahren.

Um im Gleichgewicht zu bleiben, ist das optimale Zusammenspiel der Gleichgewichtsorgane im Ohr, des Kleinhirns, des visuellen Systems sowie der Oberflächen- und Tiefensensibilitat wichtig. Der Bewegungsapparat, insbesondere die Skelettmuskulatur, muss in der Lage sein, den Körper aufrecht zu halten und zu stabilisieren sowie Bewegungen gegen die Schwerkraft zu ermöglichen.

Gleichgewichtstraining auf dem Peanutball. Meine Füße hindern ein Wegrollen des Balls.

Der Gleichgewichtssinn (vestibuläre Wahrnehmung) ist eine Sinneswahrnehmung. Sie ermöglicht sowohl in Ruhe als auch in Bewegung eine ausbalancierte Körperhaltung ohne zu stolpern oder zu fallen.

Wir könnten bei geschlossenen Augen also genau beschreiben, in welcher Körperhaltung wir uns befinden. Fällt dieses System aus, können visuelle Eindrücke dies nur zum Teil kompensieren.

Propriozeption und somit sicheres und stabiles Laufen beim Hund funktioniert am besten, wenn die Ballen direkt den Boden berühren und nicht von Haaren verdeckt sind. Haare können zwischen den Ballen nicht nur verfilzen, sie begünstigen auch das Ausrutschen auf glatten Böden.

Wenn wir einmal in Schuhen, einmal barfuß und einmal in Socken über Teppich und glatten Boden gehen, wird uns der Unterschied bewusst: Mit Schuhen spüren wir den Untergrund nicht, auf Socken rutschen wir leichter aus.

Um Verletzungen zu vermeiden, übt bitte weder Tricks noch Fitnessübungen auf glatten rutschigen Untergründen.

Schnüffelspiele

Wenn dein Hund Nasenarbeit mag, kannst du ihn mit Schnüffelspielen begeistern und beschäftigen.

Jegliche Zeit, die ihr gemeinsam verbringt, stärkt eure Beziehung und eure Bindung!

Muffin Tin Game

Du benötigst eine Muffinbackform sowie sechs oder mehr Tennisbälle oder grob zerknülltes Papier, zum Beispiel einer Haushaltsrolle. In einige der Mulden für die Muffins legst du Leckerlis. Du platzierst über sechs oder mehr Mulden einen Tennisball oder das Papier. Nun stellst du die Form vor deinen Hund. Er erschnüffelt die Leckerlis, stupst die Bälle oder das Papier mit Nase oder Pfote aus der Form und darf die Leckerlis fressen.

Alternativ kannst du einen Eierkarton mit zerknülltem Papier verwenden.

Omari nutzt seine Nase, um Leckerlis im Intelligenzspiel aufzuspüren und durch gezieltes Schieben des Hütchens die Mulde freizulegen

Futtersuche

Setze deinen Hund ins »Bleib« vor die Tür des Zimmers, in dem du mehrere Leckerlis versteckst. Bleibt er nicht vor der Tür, so bringe deinen Hund im Zimmer ins »Bleib« und achte darauf, dass er nicht sieht, wo du die Leckerlis versteckst.

Fordere deinen Hund auf, hereinzukommen oder öffne die Tür. Nun kann er die Leckerlis, die du versteckt hast, suchen. Hilf beim ersten Mal, wenn er noch nicht weiß, was zu tun ist, indem du ihn zum Leckerli führst. Du kannst ihn auch an einem der Leckerlis schnüffeln und es dann fressen lassen. Dann erst führst du ihn zu einem der versteckten Leckerlis.

Kartonspiel

Zunächst versteckst du ein Leckerli in einem Karton. Wenn dein Hund daran geschnüffelt hat und du merkst, dass er das, was in dem Karton ist, haben möchte, öffnest du den Karton und gibst ihm das Leckerli. Manche Hunde haben Spaß daran, die Kartons selbst zu öffnen.

Du kannst die Anzahl der Kartons, die alle gleich aussehen, steigern. Du platziert nicht in jedem Karton ein Leckerli. Eierkartons bieten sich an. Sie sind relativ robust.

Dies waren nur einige einfache Beispiele zum Thema »Schnüffelspiele«. Die Welt der Geruchsarbeit beinhaltet Mantrailing, Fährtenlesen, Zielobjektsuche (ZOS) und vieles mehr.

Kopfarbeit für Fortgeschrittene

Laut einer Studie der Johns Hopkins Universität in den USA können Menschen mit einem unbehandelten leichten Hörverlust ein doppelt so hohes Risiko haben, an einer Demenz zu erkranken. Bei einem hochgradigen Hörverlust steige das Risiko um das Fünffache. Hörgeräte könnten dem entgegenwirken.

Frank Lin konnte in seiner Studie von 2011 feststellen, dass ältere Menschen mit Hörverlust kognitive Einschränkungen entwickeln. Oft können Menschen aufgrund dieser Beeinträchtigung nicht mehr so leicht kommunizieren und ziehen sich aus dem sozialen Leben immer mehr zurück.

Ob taube Hunde auch ein erhöhtes Risiko haben, eine Demenz zu entwickeln?

In einer 2022 veröffentlichten Studie der University of Washington mit über 15 000 Hunden – darunter auch solche mit Hörverlust – zeigte sich, dass bewegungsunaktive Hunde ein 6,5-mal höheres Risiko für CCD (Canine Cognitive Dysfunction) hatten. Zudem war bei Hunden mit Augen-, Ohr- oder neurologischen Erkrankungen das CCD-Risiko um das 1,84 bis 2,6-fache erhöht.

Definitiv können wir unsere Hunde fordern und fördern. Deshalb folgen in diesem Buch nun kognitiv sehr anspruchsvolle Aufgaben und Tricks, wie das Lesen von Wörtern, Zahlen und Schildern. Wichtig ist, dass du deinen Hund beschäftigst, dass er Neues lernen und in seiner Umwelt neue Erfahrungen machen darf. Dies ist in jedem Alter möglich! Omari lernt mit zehn Jahren mit Begeisterung neue Tricks.

Mein Hund kann lesen

Voraussetzung: Der Hund versteht die Signale für »Platz«/»Down« zuverlässig

Du kannst deinem Hund das Lesen beibringen. Gib keine subtilen Hinweise mit deinem Körper. Führe alle Übungen in genau der gleichen Weise durch. Das ist sowohl für den Hund als auch für dich zunächst ungewohnt und anstrengend.

Dein Hund wird nicht einzelne Buchstaben lesen, sondern einzelne Wörter, Symbole, Bilder, Schilder oder Zahlen erkennen.

Drucke jeweils ein einziges Wort auf einem DIN-A4- oder DIN-A5-Blatt aus, zum Beispiel das Wort »Down«. Wähle für jedes Wort eine große, gut lesbare und immer die gleiche Schriftart und platziere das Wort auf der Blattmitte. Damit der Kontrast deutlich ist, eignet sich schwarze Schrift auf weißem Untergrund besonders gut. Alternativ geht es auch handschriftlich, aber am besten ist der Druck.

Danach laminierst du die Blätter, damit sie alle gleich aussehen, abwaschbar und haltbar sind. Alternativ kannst du auch Klarsichthüllen verwenden, der gelochte Rand ist immer oben, damit du sie nicht falsch herum hältst.

Omari hat am Anfang den »Nosetouch« angeboten – das Papier hätte Flecken bekommen und wäre möglicherweise von den anderen zu unterscheiden gewesen. Das Plastik konnte ich abwischen.

Beginne mit dem Wort »Down« oder »Platz«. »Sitz« macht der Hund in der Regel von selber. Er soll umdenken.

Das Wort »Down« ist für deinen Hund von dem Wort »Sitz« möglicherweise leichter zu unterscheiden ist als das Wort »Platz«.

> ***Tipp:***
> Hunde sehen auf mittlere Distanzen am besten. Ist der Abstand geringer als 50 Zentimeter, wird für sie ein Gegenstand bzw. das Wort unscharf.

Das erste Wort

Schritt 1

Beginne mit »Down« oder »Platz«.

1. Der Hund befindet sich vor dir im »Steh« oder alternativ im »Sitz«. Das Blatt mit dem Wort »Down« oder »Platz« hältst du hinter dem Rücken verborgen.
2. Zeige dem Hund das Blatt. Halte es dabei auf Augenhöhe des Hundes. Du schaust das Blatt an. Schau nicht in die Augen des Hundes. Dieses Vorgehen ist nicht leicht, aber wichtig.
3. Gib das Handzeichen für »Down«/«Platz«
4. Warte ab. Bewege das Blatt nicht, denn Hunde reagieren auf Bewegung.
5. Wenn dein Hund sich hinlegt, zeigst du umgehend den »Daumen hoch«, freust dich und gibst ihm ein besonders schmackhaftes Leckerli.

Schritt 2

Wenn der Hund das verstanden hat, lässt du Phase 3 aus Schritt 1 weg:

1. Der Hund befindet sich vor dir im »Steh« oder alternativ im »Sitz«, das Blatt hältst du hinter dem Rücken verborgen.
2. Zeige dem Hund das Blatt. Halte es dabei auf Augenhöhe des Hundes. Du schaust das Blatt an. Schau nicht in die Augen des Hundes.

3. Sei geduldig, wenn es nicht klappt, hilf mit dem Handzeichen.
4. Warte ab. Bewege das Blatt nicht.
5. Wenn dein Hund sich hinlegt, zeigst du umgehend den »Daumen hoch«, freust dich und gibst ihm ein besonders schmackhaftes Leckerli.

Wenn ihr das erste Wort über zwei bis drei Tage geübt habt und dein Hund drei von fünf Wiederholungen geschafft hat, ohne dass du geholfen hast (keine Bewegung des Blatts, kein Handzeichen, kein versteckter körperlicher Hinweis), dann hat dein Hund eine Verbindung zum Blatt hergestellt. Er kann noch nicht lesen, aber es ist Zeit für das zweite Wort.

Omari hat sich gerade vor dem Blatt hingelegt. In dieser Körperhaltung befinde ich mich bei jeder Leseaufgabe, damit er keine Schlüsse ziehen kann, welches Wort er lesen und umsetzen soll.

Omari bekommt augenblicklich die positive Bestätigung.

Das zweite Wort

Ihr beginnt nun genauso wie mit dem ersten Wort. Der Hund steht. Er hat nun ein Handlungsmuster entwickelt, aber er liest das Wort noch nicht. Er wird sich vermutlich ins »Down«/«Platz« begeben wollen. Ihr müsst also schnell sein. Die meisten Hunde setzen sich erst hin, bevor sie sich hinlegen. Genau in diesem Moment bestätigst du ihn.

Schritt 1: »Sitz«

1. Der Hund befindet sich vor dir im »Steh«, das Blatt hältst du hinter dem Rücken verborgen.
2. Zeige dem Hund das Blatt. Halte es dabei auf Augenhöhe des Hundes. Du schaust das Blatt an, nicht in die Augen des Hundes.
3. Gib das Handzeichen für »Sitz«.
4. Warte ab. Bewege das Blatt nicht.
5. Wenn dein Hund sich hinsetzt, zeigst du umgehend den »Daumen hoch«, freust dich und gibst ihm ein besonders schmackhaftes Leckerli.

Diesen Vorgang wiederholt ihr drei bis vier Mal. Omari konnte sich anfangs nur ein bis zwei Mal konzentrieren, dann ging er weg. Es wurde trotzdem deutlich, dass er Spaß an der Übung hatte. Seine Konzentration nahm zu.

Schritt 2

Wenn dein Hund das verstanden hat, lässt du Phase 3 aus Schritt 1 weg:

1. Der Hund befindet sich vor dir im »Steh«, das Blatt hältst du hinter dem Rücken verborgen.
2. Zeige dem Hund das Blatt. Halte es dabei auf Augenhöhe des Hundes. Du schaust das Blatt an, nicht in die Augen des Hundes.
3. Sei geduldig, wenn es nicht klappt, hilf mit Kommandos oder Handzeichen.
4. Warte ab. Bewege das Blatt nicht.
5. Wenn dein Hund sich hinsetzt, zeigst du umgehend den »Daumen hoch«, freust dich und gibst ihm ein besonders schmackhaftes Leckerli.

Dies wiederholt ihr für zwei bis drei Tage. Dein Hund kann noch nicht lesen. Er stellt eine weitere Verbindung zu einem anderen Blatt her.

Schritt 3

Hat dein Hund mindestens drei von fünf Mal »Sitz« gemacht und ihr habt einige Durchgänge hintereinander geübt? Dann kann es mit dem nächsten Schritt weitergehen.

Du gehst wie bisher vor, allerdings zeigst du deinem Hund nun einmal das Blatt mit »Sitz« und einmal mit »Platz«. Lass deinen Hund überlegen. Wenn es nicht klappt, gib Hilfestellung oder gehe einen Lernschritt zurück.

Damit dein Hund kein Muster erkennt, zeige die Blätter nicht nur abwechselnd, sondern zwei oder drei Mal hintereinander das Wort »Sitz« oder »Platz«.

Ob dein Hund wirklich liest, also das Wort erkennt oder nur rät, wirst du sehen, wenn das dritte Wort hinzukommt. Dann geht es ans »echte« Lesen.

Als drittes Wort wählst du ein weiteres Kommando bzw. einen Trick, den dein Hund sehr gut kann. Es sollte kein Trick mit einem Gegenstand sein, wie zum Beispiel »Paws up« und keiner, bei dem er dich berührt, wie zum Beispiel die Pfote geben, denn dann sind die Ausgangsbedingungen verändert.

Mit dem neuen Wort gehst du genauso vor wie bei den ersten beiden.

Wenn Omari sich mental anstrengt, benötigt er Bewegung. Ich lasse ihn sich nach jeder Leseübung um sich selbst drehen »Twist« oder »Turn« oder ich schicke ihn auf ein Target und lasse ihn zu mir zurückkommen, dann kann er seine Anstrengung in Bewegung umsetzen und sich im Anschluss wieder besser konzentrieren. Alternativ machen wir zwischendurch ein paar ganz andere aktive Übungen.

Das Lesen von Zahlen oder Schildern

Voraussetzung: Alle Verhaltensweisen oder Tricks, die ihr mit den Verkehrsschildern in Verbindung bringen möchtet, kann der Hund bereits fehlerfrei ausführen.

Lesen funktioniert nicht nur bei Wörtern, sondern auch bei Zahlen oder Schildern. Ich habe Omari anhand eines Satzes von Verkehrsschildern für Kinder beigebracht, jeweils eine gewünschte Reaktion zu zeigen. Alternativ kannst du Verkehrsschilder ausdrucken und dir selber welche basteln.

Der Hund wartet auf einem Target oder einer Decke im »Bleib«. Der Abstand beträgt mindestens einen Meter.

Du stehst oder sitzt hinter dem Schild. Mit eurem Handzeichen für »Komm« rufst du den Hund zu dir. Sobald er dich und das Schild erreicht hat, gibst du das Handzeichen für die Aktivität, Position oder den Trick, den er ausführen soll. Du zeigst umgehend den »Daumen hoch«. Er erhält ein Leckerli, wenn er die Position eingenommen bzw. den Trick ausgeführt hat.

Hat er dies verstanden, so lässt du ihn zu dir kommen, schaust das Schild an und wartest, bis er die Position oder den Trick selbstständig ausführt.

Die Schilder führst du wie die Wörter beim Lesen ein. Da die Schilder in Form, Farbe und Zeichen sehr unterschiedlich sind, wird es dem Hund vermutlich leichter fallen, sie zu unterscheiden als die ausgedruckten Wörter.

Das Parking-Schild bedeutet bei uns »Platz«.

Beispiele

STOP-Schild: Der Hund soll in der Bewegung stoppen. Gib das Handzeichen für »Bleib« während seiner Bewegung auf dich zu. Der Hund stoppt. Zeige umgehend den »Daumen hoch«. Löse das STOP nach einer kurzen Weile mit einem weiteren »Komm« auf. Als Hilfestellung kannst du zunächst ein Target (ohne Futter) auf die Position legen, auf der er »Stop« machen soll.

Parken: Der Hund kommt zu dir und legt sich vor dem Schild ins »Platz«.

Fußgängerüberweg: Der Hund kommt zu dir und macht vor dem Schild »Sitz«.

Kreisverkehr: Der Hund kommt auf dich und das Schild zu und umrundet das Schild.

Person mit Kind an der Hand: Der Hund kommt auf dich und das Schild zu und setzt oder stellt sich neben dich.

Zahlen bellen

Voraussetzung: Der Hund bellt auf Handzeichen

Omari bellt, wenn er die »0« sieht, gar nicht, bei der »1« einmal, bei der »2« zweimal, bei der »3« dreimal.

Für die »1« lässt du ihn auf das einmalige gezeigte Handzeichen ein einziges Mal bellen. Für die »2« führst du das Handzeichen nach dem ersten Bellen noch ein zweites Mal aus. Für die »3« ist das Handzeichen ein weiteres Mal erforderlich.

Damit der Hund kein Muster erkennt, zeige dem Hund, wenn ihr die Zahlen über mehrere Tage Schritt für Schritt eingeführt habt (siehe »Lesen von Wörtern«), die Zahlen in unterschiedlicher Reihenfolge.

Bellt der Hund gerade nicht, kannst du ein Zeichen für »Leise« einführen, zum Beispiel den Zeigefinder vor den Lippen mit entsprechender Mimik. Dies wird spielerisch trainiert und kann auch im Alltag hilfreich sein.

Duftende Entspannungszeit

Aromatherapie kann nicht nur bei Menschen, sondern auch bei Hunden angewendet werden. Wichtig ist, dass dein Hund den Duft mag, den du nutzen möchtest. Reagiert er interessiert, wenn du ihn schnuppern lässt? Sollte er bei der Anwendung ungewöhnlich reagieren oder weggehen, so brich bitte ab.

Lavendel war 2020 die Arzneipflanze des Jahres. Sie hat eine beruhigende, entspannende und angstlösende Wirkung. Die ätherischen Öle können dämpfend auf das Nervensystem wirken und den Schlaf verbessern.

In der Universitätsmedizin Rostock wird Aromapflege als ergänzende Maßnahme eingesetzt – etwa zur Unterstützung von Entspannung oder Schlaf, insbesondere mit Lavendel- und Sandelholzölen.

Möchtest du deinen Hund auf Lavendel konditionieren, so kannst du einige getrocknete Lavendelblüten oder ein bis zwei Tropfen Lavendelöl auf einem Wattepad in eine verschließbare Dose legen. Da der Geruchssinn bei Hunden um ein Vielfaches besser ist als der unsrige, ist nur wenig Lavendel notwendig. Der Duft muss für deinen Hund angenehm sein. Damit du den Duft gezielt einsetzen kannst, nutze die Dose und keinen Perfusor.

Befindet sich dein Hund in einer entspannten Position, öffnest du die Dose und stellst sie in einem Abstand von etwa ein bis zwei Metern von ihm auf. Wird dein Hund aktiv, verschließt du die Dose wieder. So lernt dein Hund, den Duft von Lavendel mit Entspannung zu verbinden.

Habt ihr die Lavendelentspannung über einen längeren Zeitraum konditioniert, kannst du den Lavendelduft in Situationen einsetzen, in denen dein Hund sich entspannen soll.

Passt ein tauber Hund zu mir?

Hunde werden im Durchschnitt zehn bis 15 Jahre alt, manche auch deutlich älter. Wenn man einen Hund adoptieren möchte, so ist gut abzuwägen, ob man für diese lange Zeitspanne bereit ist, für ihn zu sorgen, Zeit zu investieren, zusammen ein Team zu werden und zu bleiben. Innerhalb einer Familie sollten alle Familienmitglieder sich einen Hund wünschen und auch bereit sein, sich um ihn zu kümmern.

Im Vorfeld sollte es eine Lösung geben, wer sich um den Hund kümmert, wenn man arbeitet. Drei bis sechs Stunden kann ein Hund lernen, allein zu bleiben, sieben bis zehn Stunden sind zu lang. Darf der Hund mit in den Urlaub? Welcher Urlaub ist dann möglich? Wer kümmert sich, wenn man krank ist?

Wir halten es auch für wichtig, dass man sich, bevor man sich einen Hund anschafft, über die speziellen Eigenschaften der jeweiligen Rasse informiert und danach entscheidet, ob diese zu einem passt oder nicht. Leider entscheiden sich viele Menschen für einen Hund, weil er niedlich ist oder weil sie ihm helfen möchten, das kann fatale Folgen haben. Wenn sich ein gemütlicher Rentner für einen extrem agilen Hund entscheidet oder der Jogger für ein Couch Potato, passen die Aktivitätslevel nicht zusammen und beide können unzufrieden werden. Mischlinge können die Eigenschaften zweier oder verschiedener Rassen vereinen.

Nicht zu vergessen ist der Aspekt, dass Welpen und Junghunde für die ersten zehn bis 12 Monate Treppen hinauf- und hinuntergetragen werden sollten, da ihre Knochen weich sind und sich andernfalls gesundheitliche Schäden des Bewegungsapparates einstellen können, wie zum Beispiel vorzeitige Arthrose. Wohnt man im vierten Stock ohne Fahrstuhl, ist das bei einem Pinscher ohne Anstrengung möglich, bei einem Husky, einer englischen Bulldogge oder einem Bernhardiner gestaltet sich dies schwierig.

Ein ebenfalls wichtiger Aspekt sind regelmäßige und außergewöhnliche Kosten, die ein Hund verursacht. Neben hochwertigem gesundem Futter, Napf, Spielzeug, Hundeschule und regelmäßigen Impfungen, können Tierarztkosten schnell eine sehr hohe Summe erreichen, wenn der Hund ernsthaft erkrankt oder sogar eine Operation notwendig wird. Alte Hunde werden, wie auch wir Menschen, häufig krank, bekommen Arthrose oder werden taub. Wäre die Deckung der Kosten gewährleistet?

Die Frage, ob ein Hund mit einer Behinderung einziehen soll, ist in jedem Einzelfall zu beantworten.

Ein tauber Hund kann fast alles erlernen, was auch ein hörender Hund lernen kann – wenn Sichtkontrolle gegeben ist. Für Hundehalter lohnt es sich, sich in das Thema, die Gestik und Mimik, mit der man einen tauben Hund erziehen kann, einzuarbeiten, aber es erfordert Offenheit und die Bereitschaft, sich auf diese Reise zu begeben. Hörende Hunde lernen Kommandos und Tricks mit der richtigen Technik und Konsequenz zunächst schneller als taube. Ist »der Knoten geplatzt«, so macht es keinen Unterschied mehr.

Alle Themen, die mit einem nicht behinderten Hund auf uns zukommen, kommen auch mit einem tauben Hund auf uns zu. Der Hund möchte fressen, spielen, kuscheln, Bewegung, Beschäftigung, braucht Sicherheit und Liebe, muss lernen, mit anderen Hunden und Menschen zu (inter-)agieren (Sozialisation), kommt in die Pubertät, interessiert sich für das andere Geschlecht, möchte am Familienleben teilhaben, wird krank usw.

Würde eine Behinderung zusätzlich ein Problem darstellen oder wäre es eine Herausforderung, die es zu meistern gilt?

Vielleicht haben Sie in diesem Buch auch zu diesen Fragen Anregungen bekommen und können sich nun leichter entscheiden.

Wir hoffen, dass wir alle Leser mit diesem Buch unterstützen können!

Danksagung

Vielen Dank an Sascha Marotzky, der dieses Buch durch seine Fotos anschaulich gemacht und bereichert hat. Sascha ist ein wunderbarer, kreativer Teampartner mit Liebe zum Details und viel Geduld. Die Zusammenarbeit hat sehr viel Spaß gemacht!

Dr. Birgit Alsleben ist die empathischste Tierärztin, die man sich wünschen kann. Ihr großes Wissensspektrum ist für dieses Buch unerlässlich.

Doreen Kurt und Sarah Apelt ermöglichten uns zu Beginn der Corona-Pandemie mit ihren Trickkursen den Start unserer gemeinsamen Reise: trotz Taubheit ein großartiges Team zu werden!

Laurie Sauer Reynolds, Cassie Anderson und Corinna Lenz haben uns in unserem Training wesentlich gefordert und gefördert. Vielen Dank für die unzähligen »Extrawürste« für Omari, weil er nichts hört.

Deb Jones hat mich mit ihrem Konzept für Cooperative Care begeistern könne.

Olga Jones von der Dog Talent Association hat uns bei der International Trick Dog Competition 2022 kennengelernt. Durch Olga bin ich Dozentin in der Seminarreihe »Deaf Blind and Amazing« und dazu angeregt worden, anderen näher zu bringen, wie man taube Hunde trainiert. Vielen Dank für dein Vertrauen, Olga!

Ein Dankeschön auch an die liebe Susanne Boesel, die das Manuskript gelesen und mit wertvollen Anmerkungen versehen hat. Susanne ist in ihrer Freizeit als

Hundetrainerin tätig und mit ihrem Jack Russel Filou eines der aktivsten Mitglieder meiner Hundegruppe bei Facebook.

Mein Dank geht auch an Daniele Kulz, die ebenfalls Tricktrainerin ist. Die vielen Fachgespräche mit ihr möchte ich nicht missen!

Vielen Dank an Debbie Bauer, Expertin für taubblinde Hunde, für die beiden Fotos der doppelmerle Hunde.

Vielen Dank an Anna Becker (Mahagoni Aussies) für das Foto des Australian Shepherds. Alle ihre Hunde werden verantwortungsvoll getestet.

Autoren

Simone Paulyn

Ich bin mit Hunden aufgewachsen. Mein erster eigener Hund war meine kleine Münsterländerin Leika. Ich durfte mit ihr fast zwölf wunderbare gemeinsame Jahre verbringen.
Omari zog 2015 bei mir ein. Sein Name kommt aus dem Arabischen, ist abgeleitet von dem Wort »oumri«, mein Leben, im Sinne von »meine große Liebe«. Und so ist es.
Als Physiotherapeutin für Menschen habe ich mich schon immer auch für den Bereich der Hundephysiotherapie interessiert und immer wieder Kurse belegt, wie zum Beispiel für Akupunktmassage.
Als ich 2017 anfing im Bereich Orthopädietechnik zu arbeiten, begutachtete ich auch Hunde. Ein Kollege baute Prothesen und Orthesen für Hunde.
Ich begann mich explizit im Bereich Anatomie und Hundephysiotherapie weiterzubilden. Als der Kollege das Haus verließ, entschied ich mich, diesen Bereich ruhen zu lassen.
Die Fortbildungen zum Canine Conditioning Fitness Coach und später auch zum Trick Dog Instructor, Animal Actor Evaluator und Stunt Dog Judge bei dem amerikanischen Unternehmen »Do more with your dog« haben Omari und mir viel Spaß gemacht.
Ich bilde mich regelmäßig bei unterschiedlichen Dozenten in diesen Bereichen fort. Bei Facebook leite ich die Gruppe »Tricks, Fitness & Fun«. Bei Deborah Jones habe ich die Prüfung zum Cooperative Care Trainer abgelet.
Kontaktiere mich gern, wenn du Interesse an einem Online-Seminar zum Thema »Training tauber Hunde« hast oder dir in deiner Hundeschule oder deinem Verein einen Workshop wünschst.

info@physiofit-hannover.de
www.physiofit-hannover.de

Dr. Birgit Alsleben

Schon als kleines Kind war ich fasziniert von Tieren und wollte, schon seit ich denken kann, Tierärztin werden.

Von diesem Berufswunsch bin ich nie wieder abgerückt, so dass ich direkt nach der Schulzeit an der Tierärztlichen Hochschule Hannover studiert und später dort auch promoviert habe. Nach meiner Assistenzzeit in einer Gemischtpraxis im Weserbergland sowie in einer chirurgisch orientierten Kleintierpraxis in Kiel kehrte ich schließlich nach Hannover zurück und arbeitete dort seit 2004 in einer großen privaten Kleintierklinik, in der ich auch meine in Kiel begonnene Ausbildung zur Fachtierärztin für Kleintiere abschließen konnte.

Im Jahr 2000 hatte ich endlich die Möglichkeit und Zeit, mir meinen lange ersehnten ersten Hund anzuschaffen. Es war eine vierjährige »gebrauchte« Schäferhündin namens Tonja. Gemeinsam mit ihr als Adoptivmutter zog ich dann drei Jahre später die mutterlose Mischlingshündin Trine mit der Flasche auf. So kam es, dass für einige Jahre zwei Hunde zur größer werdenden Familie gehörten. Tonja wurde im Alter von elf Jahren zunächst altersschwerhörig und ertaubte im Verlauf der nächsten zwei Jahre nahezu vollständig, sodass ich lernen musste, anders auf meinen plötzlich behinderten Hund einzugehen und ihr für unsere Kommunikation nonverbale Kommandos beizubringen. Diese Situation kann jeden Hundebesitzer treffen, darum ist mir dieses Buch als Ratgeber ein Herzensanliegen.

Vor knapp zehn Jahren kam schließlich Pudeldame Tilda ins Haus und bereichert meine Familie seitdem durch viele Kuscheleinheiten und ihren charmanten Eigensinn.

Fotograf

Sascha Marotzky (Fotograf)
Sascha Marotzky ist Fotograf aus Leidenschaft. Auf seinem Instagramprofil @Lichtmaler.okami lässt sich seine Vielseitigkeit bewundern.

Bei Sascha Marotzky und Simone Paulyn zusammen kannst du Workshops zum Thema »Hundefotografie –Tipps & Tricks« buchen.

Literatur

Bauer, Debbie: Through A Dark Silence: Loving and Living with Your Blind and Deaf Dog, CreateSpace Independent Publishing Platform 2014

Beck, Elisabeth: Wer denken will, muss fühlen, Kynos Verlag 2011

Bendel, Jochen: Das Geheimnis der Spiegelung, GU Verlag 2022

Bendel, Jochen: Das Wunder der Bindung, GU Verlag 2019

Bergin, Bonnie: Teach your dog to read, Souvenir Press 2006

Bioskop 9/10, Sinnesorgane, Westermann 2013

Bundestierärztekammer e.V., bundestieraerztekammer.de, Qualzuchten, Erziehung und Training, Tauber Hund: Ursachen, Erkennung und Umgang, Uelzener Magazin, Mensch.Tier.Wir 2023

Dezibel, Felsenbein, Frequenz, Gehörknöchelchen, Hörschnecke, Hörvermögen, Merle-Faktor, Resonanz, Trommelfell, Wikipedia

Eaton, Barry; Reinhardt, Clarissa v.: In der Welt der Stille, animal learn Verlag 2010

Franck, Madeleine; Franck, Rolf C.: Das Mutmachbuch für unsichere Hunde, Cadmos Verlag 2023

Fugazza, Claudia: Do as I do, Dogwise Publishing 2014

Gesundheit, Wie laut hören Hunde? Hund & Haustier 2024

Heusinger A., Otitis externa- ein Update, Kleintier konkret 2024

HNO-Ärzte im Netz, Schwerhörigkeit - Definition und Häufigkeit, Hrsg. Deutscher Berufsverband der Hals-Nasen-Ohrenärzte e.V.

Hill's Veterinäratlas der Klinischen Anatomie 1989

Hoffmann, Matthew: Hundesprache, Könemann Verlag 2000

Jacobs, Christine: Sprich Hund, Cadmos Verlag 2023

Jones, Deborah A.: Cooperative Care: Seven Steps to Stress-Free Husbandry, Amazon 2018

König, Sarah: Schnauzbarts Winterreise, Paarzeit 2020

Kohn B., Schwarz G. Hrsg., Praktikum der Hundeklinik, Enke Verlag 2017

Merle-Faktor: Hübsch marmoriert mit blauen Augen, aber schweren Anomalien, vet.thieme.de 2022

Morris, Desmond: Dogwatching, Die Körpersprache des Hundes, Weltbild 2005

Munch T., Merle-Hund: So gefährlich ist der Gendefekt 2023

Paulyn, Simone: Tauber Hund – Na und? SitzPlatzFuss, Cadmos Verlag, 2024, 57, 66–70

Paterson S. et al. A study to evaluate the primary causes associated with Pseudomonas otitis in 60 dogs, Journal of Small Animal Practice 2018

Piturru, Pasquale, Dr. / Weigand, Eiko: Lassie, Rex & CO klären auf – So wollen wir verstanden werden! Wesentliches zum Wesen des Hundes.

Sachverständigengruppe Tierschutz und Heimtierzucht, Gutachten zur Auslegung von §11b des Tierschutzgesetzes (Verbot von Qualzüchtungen)

Strodtbeck, Sophie / Borchert, Uwe: Hilfe, mein Hund ist in der Pubertät, Entspannt durch wilde Zeiten, GU Verlag 2013

Sundance, Kyra: The Dog Tricks and Training Workbook, Quarry Books 2009

Theby, Viviane: Schnüffelstunde, Nasenspiele für Hunde, Kinos 2003

Zusätzliche Bildquellen:
S. 13: Sylvia Bespaluk; S. 21: Anna Becker; S. 24: Deb Bauer